# 만화로 쉽게 배우는
# 수리 최적화

저자 나카야마 슌민(中山 舜民)
그림 타치바나 카이리(橘 海里)
역자 권기태
제작 Office sawa

# 만화로 쉽게 배우는 **수리 최적화**

Original Japanese Language edition
Manga de Wakaru Suuri Saitekika
by Shummin Nakayama, Kairi Tachibana, Office sawa
Copyright © Shummin Nakayama, Kairi Tachibana, Office sawa 2024
Published by Ohmsha, Ltd.
This Korean Language edition co-published by Ohmsha, Ltd. and Sung An Dang, Inc.
Copyright © 2025
All rights reserved.

# 머리말

수리 최적화 또는 단순히 최적화는 특정 제약 조건 아래에서 주어진 함수를 최소화하거나 최대화하여 다양한 문제를 해결합니다. 기업에서는 이익의 극대화나 손실의 최소화를 목표로 수행됩니다. 대학 등에서 수리 최적화는 경영과학이라고 부르는 오퍼레이션 리서치(Operations Research, 이하 OR) 수업에서 접하는 경우가 많습니다. OR뿐만 아니라 통계학, 시스템 제어, 그리고 최근에는 데이터 사이언스, 머신러닝에서도 최적화가 중요한 역할을 하고 있습니다. 수식이 많이 사용되기 때문에 수리 최적화는 이과 이미지가 강하지만, 경영이나 경제 분야에서도 빼놓을 수 없는 분야로 문과, 이과를 가리지 않고 공부하고 있습니다. 또한 대학을 졸업하고 사회에 진출한 이후에도 수리 최적화를 활용하는 상황을 만나게 됩니다. 이 책은 대학에서 수리 최적화를 공부하는 학생, 실무에서 수리 최적화를 사용할 예정인 분들, 수학이 서툴러도 관심이 있는 분들이 꼭 읽어주셨으면 합니다.

최적화 문제는 최소화(또는 최대화)하는 함수와 제약 조건의 종류에 따라 여러 가지로 분류되며, 분류에 따라 문제를 푸는 방법(알고리즘)이 다양합니다. 이 책에서는 선형 계획 문제, 비선형 계획 문제, 정수 계획 문제 등 대표적인 최적화 문제의 형식과 해당 문제를 풀기 위한 알고리즘의 개요를 파악하는 것을 목적으로 합니다. 수학적인 부분을 어떻게 설명할 것인가에 어려움을 겪었지만, 만화를 담당하는 분의 능력으로 이미지를 이용하여 쉽게 이해할 수 있는 책이 완성되었습니다. 만화 부분에서는 수식을 최대한 배제했기 때문에, 수식에 부담갖지 말고 수리 최적화의 매력과 수리 최적화가 세상에 얼마나 도움이 되는지 알 수 있으면 좋겠습니다.

마지막으로 집필의 기회를 제공해주신 옴사의 담당자, 작화를 담당해주신 타치바나 카이리 씨, 제작을 담당해주신 오피스 sawa의 사와다 사와코 씨, 그리고 이 책을 가지고 계신 모든 분들께 진심으로 감사드립니다.

2024년 4월
나카야마 슌민

# 차례

**프롤로그**　　주말의 심야 아르바이트와 월요일 1교시 강의　　　　1

## 제1장 수리 최적화란?　　　　15

### 1-1 '최대'와 '최소'가 최적이 된다　　　　16
- ▶ 현실의 문제를 간단하게 표현해 보자　　　　16
- ▶ 공식은 3종 세트　　　　22
- ▶ 만족스러운 느낌도 수치화할 수 있다　　　　24
- ▶ 최적화 문제에는 다양한 종류가 있다　　　　28
- ▶ 함수의 그래프에 익숙해지자　　　　30
- ▶ 그래프는 든든한 지원군이 되어준다!　　　　32

### 1-2 최적화에 필요한 수학은 이 정도면 충분하다　　　　34
- ▶ 벡터, 행렬이 어떻게 도움이 될까?　　　　34
- ▶ 스칼라, 벡터, 행렬　　　　38
- ▶ 벡터의 특징을 그림으로 이해하자　　　　39
- ▶ 표기 방법　　　　41
- ▶ 연립일차방정식은 행렬과 벡터의 곱으로 표현할 수 있다　　　　42
- ▶ 미분, 기울기가 어떻게 도움이 될까?　　　　43
- ▶ 기울기 벡터가 어떻게 도움이 될까?　　　　46
- ▶ 미분을 사용하자　　　　50
- ▶ 기울기(기울기 벡터)의 식　　　　52
- ▶ 경사와 기울기　　　　54
- ▶ 2회 미분해 보자, 헤세 행렬　　　　55

# 제2장 선형 계획 문제     61

## 2-1 선형 계획 문제의 예     64
- ▶ 최대 이익이 될 수 있도록 생산하고 싶다!     64
- ▶ 조미료 문제도 공식화     67
- ▶ 실행 가능 영역과 목적 함수     68
- ▶ 복잡한 대규모 문제를 다루기 위해     72

## 2-2 단체법과 내점법     75
- ▶ 두 가지 풀이 방식에 대한 이미지     75
- ▶ 단체법은 어떤 알고리즘(계산)인가     78

## 2-3 쌍대 이론     81
- ▶ 쌍대라는 이미지를 이해하자     81
- ▶ 쌍대 문제 덕분에 쉽게 풀 수 있다     84
- ▶ 조미료 문제의 쌍대 문제란?     86

# 제3장 비선형 계획 문제     97

## 3-1 비선형 계획의 예     100
- ▶ 3차원 공간의 선형·비선형     100
- ▶ 맥주 주문량을 예측해 보자     102
- ▶ 오차 최소화하기     106
- ▶ 복잡한 형태의 함수라도 예측식을 만들 수 있다     111
- ▶ 비선형 계획 문제는 제약 조건이 있기도 하고 없기도 하고     112

## 3-2 최적성 조건     114
- ▶ 전역 최적해와 국소 최적해     114
- ▶ 우선 정류점을 찾자     116
- ▶ 정류점을 찾는 방법     119
- ▶ 볼록(凸)집합과 볼록(凸) 함수     123

### 3-3 반복법 · 127
- ▶ 해의 갱신 · 127
- ▶ 직접법과 반복법 · 130
- ▶ 반복법의 갱신식 · 131
- ▶ 최대화의 경우는 등산 · 133
- ▶ 전역 수렴성과 국소 수렴성 · 135
- ▶ 탐색 방향을 고르는 방법 · 136

## 제4장 정수 계획 문제와 조합 최적화 문제 — 151

### 4-1 정수 계획·조합 최적화 문제의 예 · 154
- ▶ 정수라는 제약 · 154
- ▶ 조합 구조란? · 155
- ▶ 효율적인 순찰을 위해서는 · 157
- ▶ 배낭 문제 · 158
- ▶ 0-1의 제약이 있는 문제 · 160

### 4-2 근사해법과 엄밀해법 · 162
- ▶ 두 가지 풀이 방법이 있다 · 162
- ▶ 근사해법, 엄밀해법이란? · 164
- ▶ 탐욕법(욕심쟁이법) · 166
- ▶ 분기 한정법 · 169

## 에필로그 — 181

- 부록 · 192
- 추가적인 공부를 위해 · 195
- 찾아보기 · 196

프롤로그
# prologue

## 주말의 심야 아르바이트와 월요일 1교시 강의

프롤로그 주말의 심야 아르바이트와 월요일 1교시 강의

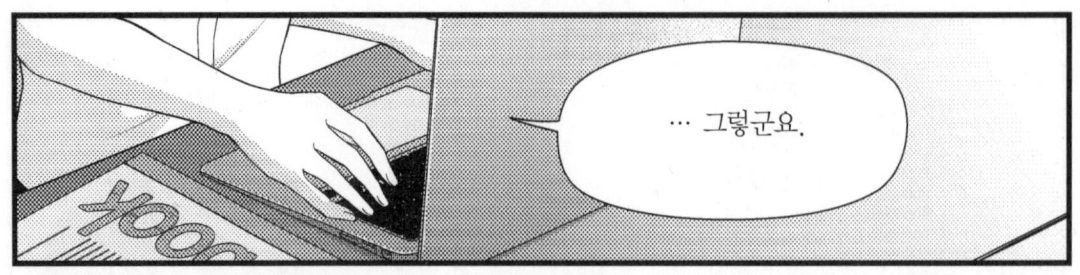
… 그렇군요.

영태 씨의 사정은 잘 알았습니다.

월요일 수업에 지장이 없도록 근무 시간을 조정하겠습니다.

네! 잘 부탁합니다!

후훗
불과 몇 년 전의 일이지만 대학생활이 그리워요.

그런데 월요일 1교시는 무슨 수업인가요?

아… 졸려서 이해를 못하고 있는데 분명히…

으음, 그렇군….

하지만 애초에 '수리 최적화'라는 말이 너무 어려운 것 같은데….

수리

최적?

아아!
그럼, 조금 더 자세히 설명해 드릴까요?

# 수리 최적화

수리는 수학의 이론 즉, '수학적 사고방식'이라는 뜻입니다.

그리고 중요한 것은 이 '**최적**'이라는 단어입니다.

영태 씨 '최적'이란 어떤 의미인지 아시겠어요?

음

최적이라고 하면…
시행착오를 거쳐서 **딱 맞는 것은 이것이다!** 같은 느낌의 말이죠?

1인 가구에 **최적인 냉장고**

등산에 **최적인 복장**

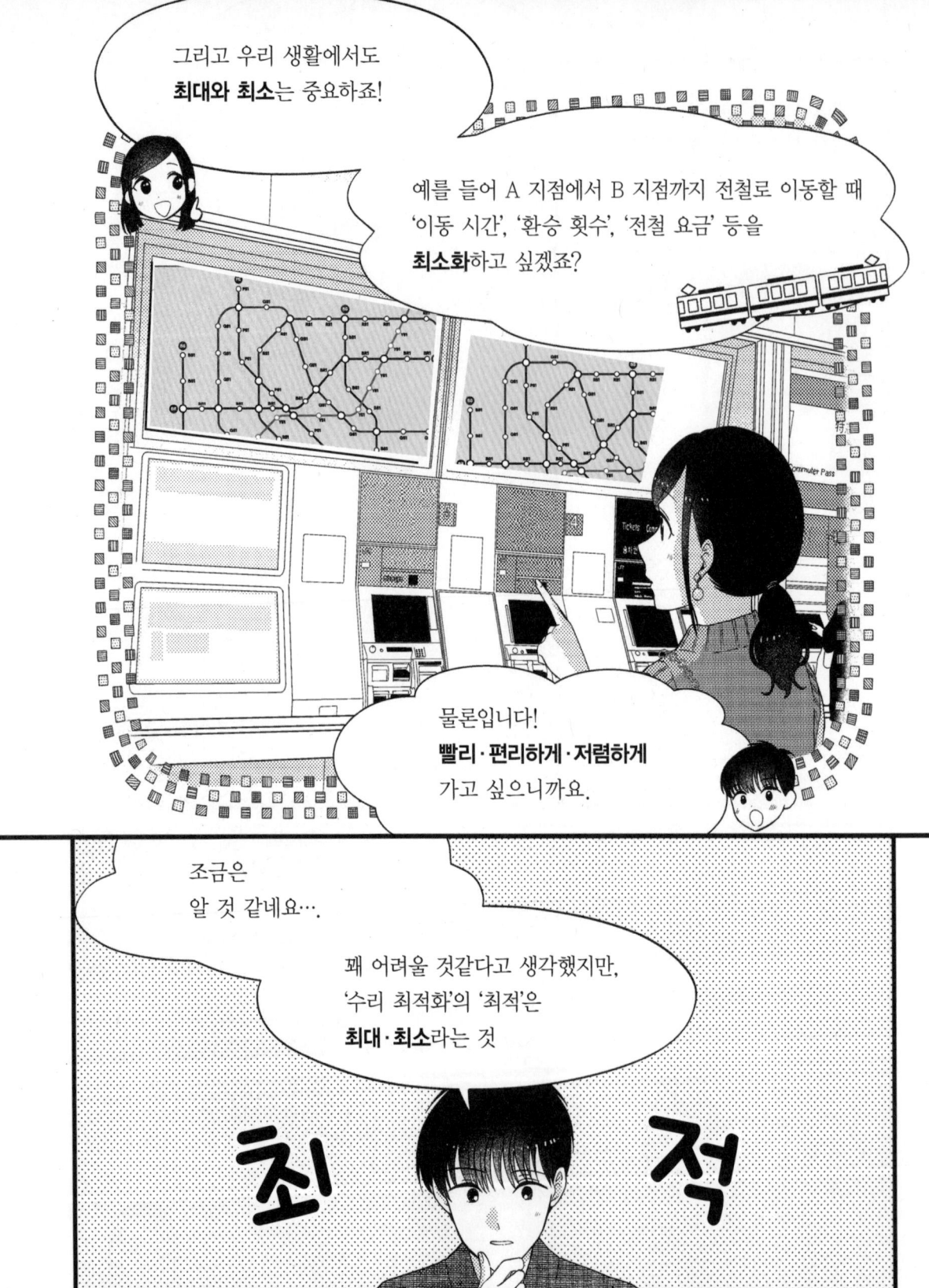

지금 현재 '수리 최적화' 수업을 이해하지 못하고 있다면

이제부터 독학으로 따라잡는 것도 쉽지 않겠죠?

아아~

그렇군요… 큰일이네요….

괜찮다면… 기초부터 알려드릴까요?

!!!

그건 꼭…!

정말 괜찮으세요?!

네! 기꺼이~!

이렇게 두 사람의 공부가 시작되었습니다 ♪

# 제 1 장

## 수리 최적화란?

제1장 수리 최적화란?

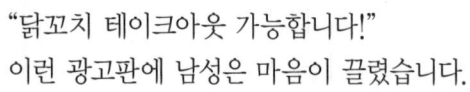

자, 자, 이건 정말
수리 최적화 같은 문제입니다.

바로 수식으로 표현하면, 다음과
같습니다.

오오!
함수 식이군요.

짜잔!

$$f(x,y) = 250x + 130y$$

매출 ← 경단의 개수 ← 대파구이의 개수

최대로 하고 싶다!

맞아요!
중고등학교에서 배웠다고
생각하겠지만,
자신이 없다면
빠르게 복습해 보세요~!

### 함수 복습하기  건너뛰어도 괜찮아요☆

- 함수는 여러 수의 관계를 나타냅니다.
- 함수의 식은 '변수 $x$와 변수 $y$의 값이 정해지면, $x$, $y$의 값도 결정된다'라는 대응 관계를 나타냅니다.

상수(정해진 수)

$$f(x,y) = 250x + 130y$$

함숫값   변수(변하는 값)

제1장 수리 최적화란?  19

### ▶▶▶ 공식은 3종 세트

그럼 여기에서 **중요한 용어**에 대해 설명할게요.

이 '닭꼬치 문제'에서 나온 식을 정리하면 다음과 같습니다.

최대(또는 최소)로 만들고자 하는 함수를 **목적 함수**라고 하며, 그 값을 **목적 함수 값** (예: 매상액) 이라고 합니다.

**목적 함수** / **변수**

$$f(x, y) = 250x + 130y$$

목적 함수 값 → 최대화!

**변수**는 **행동이나 선택**을 (예: 몇 개를 살 것인가?) 나타냅니다.

**제약 조건**

$$1 \leq x \leq 2$$
$$1 \leq y \leq 50$$
$$x + y \leq 7$$

여러 가지 제약 조건이 있기 때문에 제약 조건의 식도 여러 개가 됩니다.

하하! 닭꼬치 남성 덕분에 이해가 잘 되는군요!

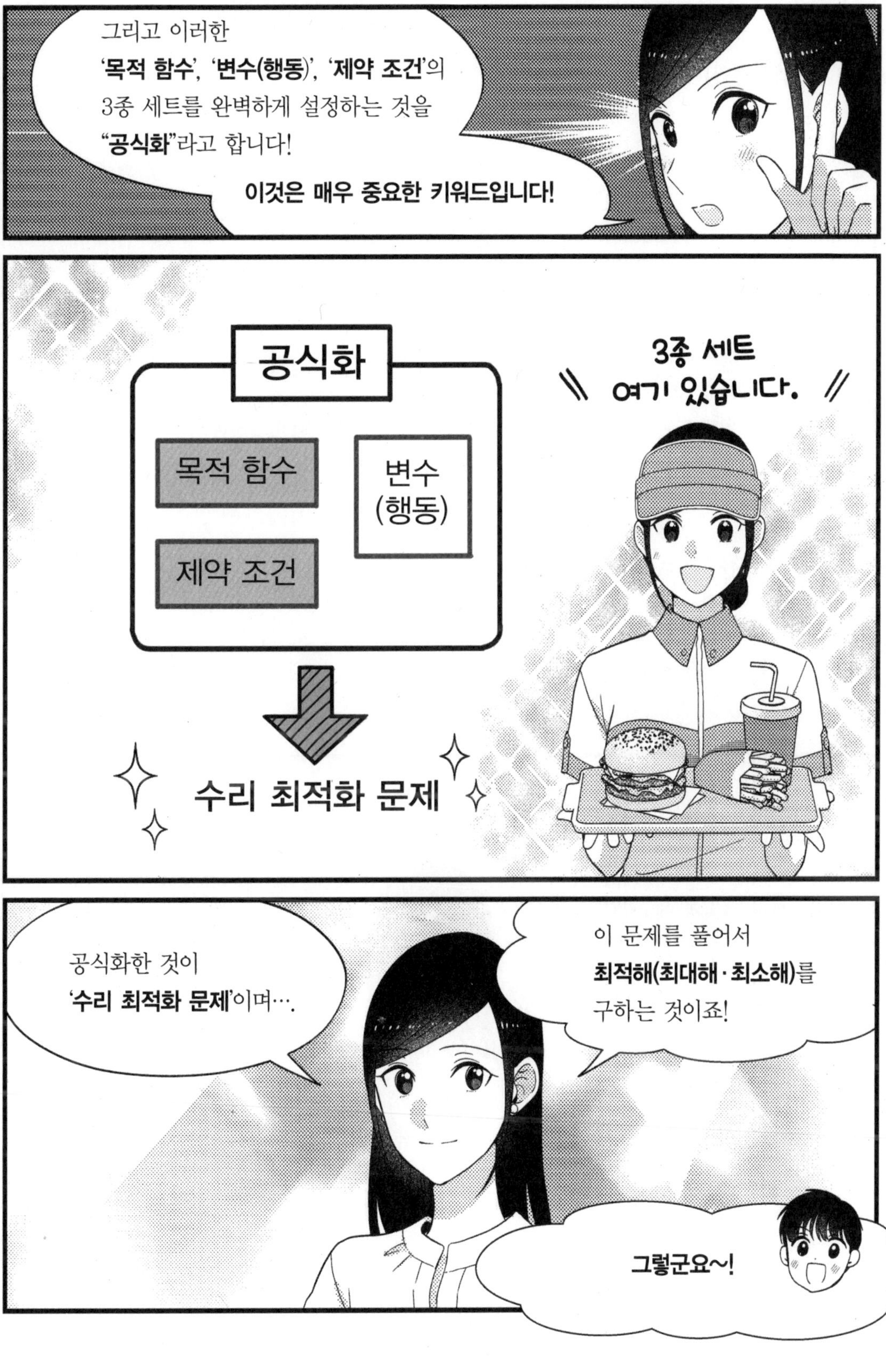

그리고 이러한 **'목적 함수'**, **'변수(행동)'**, **'제약 조건'**의 3종 세트를 완벽하게 설정하는 것을 **"공식화"**라고 합니다!

이것은 매우 중요한 키워드입니다!

공식화한 것이 '수리 최적화 문제'이며….

이 문제를 풀어서 **최적해(최대해·최소해)**를 구하는 것이죠!

그렇군요~!

잘 알았습니다.
교과서에 실린 설명도
이제는 훨씬 이해하기 쉬워졌어요!

수리 최적화에서는
**행동이나 선택**(몇 개를 살 것인가?)에 대해
**지표**※**가 되는 점수**(매상액)가
**최대 또는 최소**(이번에는 최대)가 되는 행동을 **최적해**라고 하며,
그 점수를 **최적값**(최댓값 또는 최솟값)이라고 합니다.

수리 최적화는 이 **지표**(매상액)와
**행동의 제약 조건**(남은 경단은 2개 등)을
**수학적으로 표현**한 문제를 만들고, 이 문제를 풀어서
**최적의 행동**(경단 2개, 대파구이 5개)을 결정하는 것입니다.
이 결정을 **의사결정**이라고 부릅니다.

※지표란 사물을 판단하거나 평가할 때 기준이 되는 것을 말합니다.

### ▶▶▶ 만족스러운 느낌도 수치화할 수 있다

지금까지 전철의 예(P. 10)와
닭꼬치의 예에 대해
말씀드렸습니다.

매출액, 개수

시간, 환승 횟수, 요금

이것들은 명확하게
숫자로 표현할 수 있는 것
이었죠?

예를 들어, 외식할 때
'**만족도**'라는 것이 있지 않습니까?
이 만족도를 **잘 수치화**해서 표현할 수 있다면,
수리 최적화 문제로 만들 수 있습니다.
**만족도가 최대!인 가게를 선택할 수** 있습니다—

실제로는
'**금액**'과 '**이동거리**'를 제약 조건으로 하고
'**맛의 만족도**'가 최대가 되는 가게를
선택하기도 하죠.

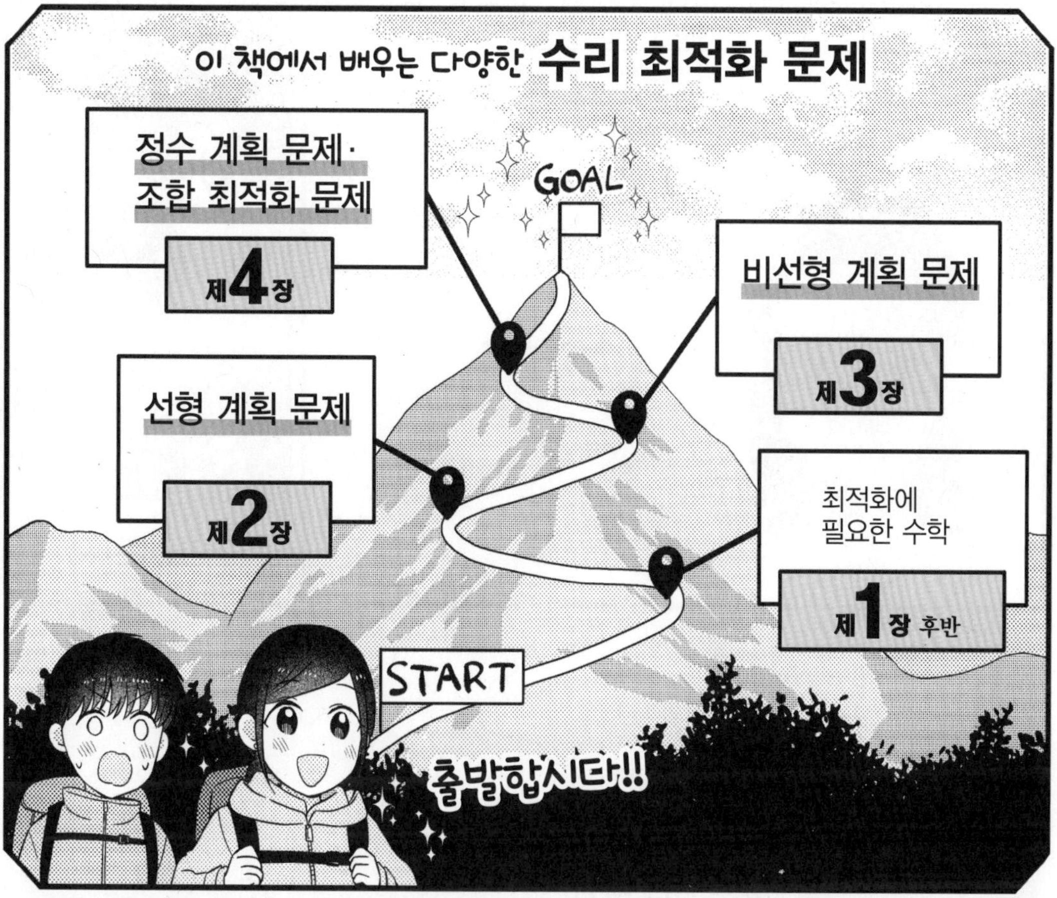

### ▶▶▶ 함수의 그래프에 익숙해지자

1차함수의 그래프
(직선이 된다)

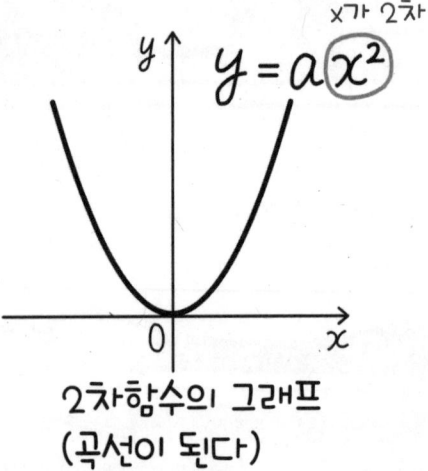

2차함수의 그래프
(곡선이 된다)

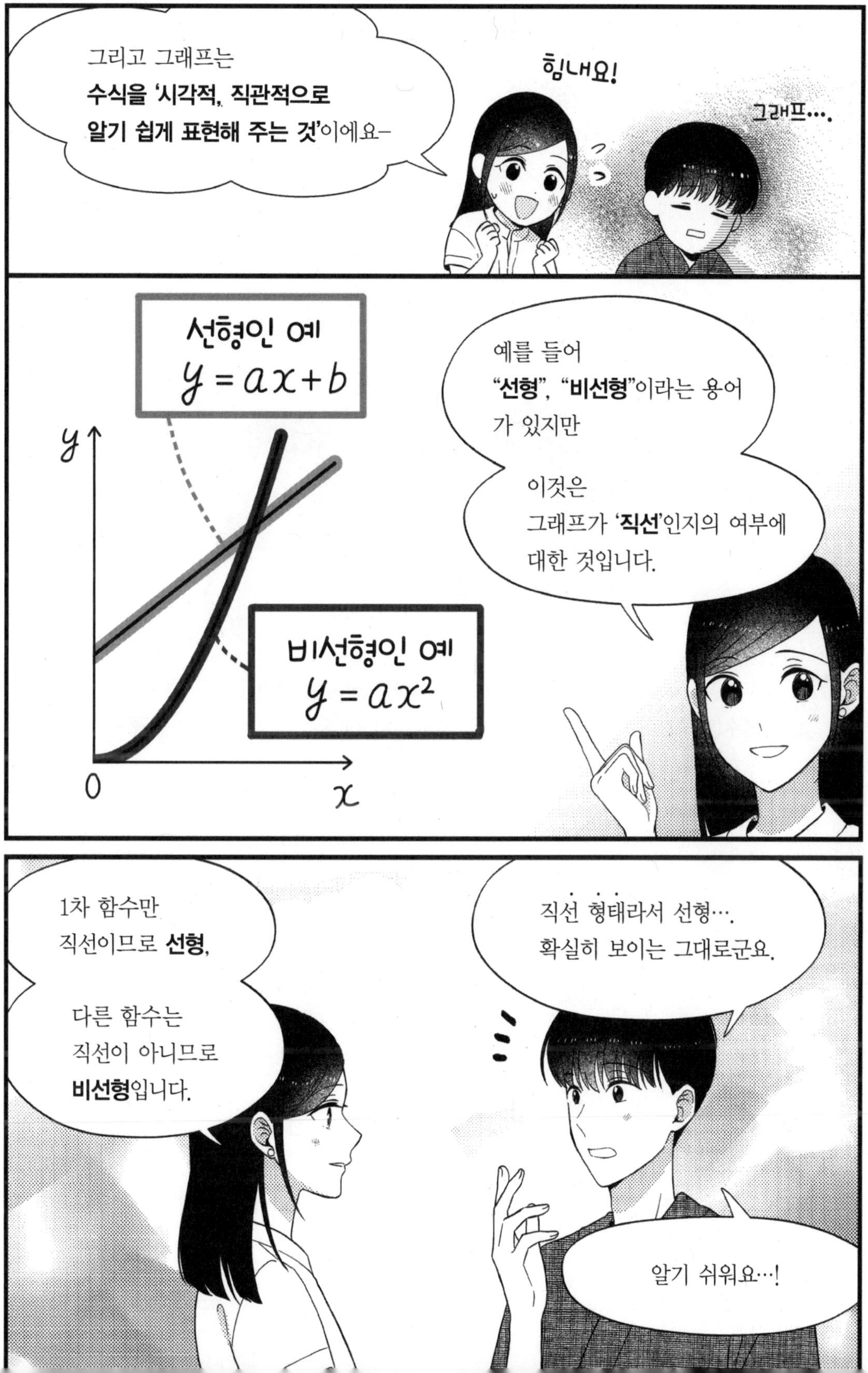

▶▶▶ **그래프는 든든한 지원군이 되어준다!** ▶▶▶

그럼 계속해서 **그래프의 유용성**에 대해 이야기해 보겠습니다.

지금까지 몇 가지 배운 것처럼, 수리 최적화에서는 '최대' 또는 '최소'의 값을 구합니다. 이 최댓값과 최솟값을 서로 상관없는, 마치 **전혀 다른 수치**…인 **것처럼 생각하고 계시지 않으신가요?**

어??! 그건 물론 전혀 다르다고 생각되는데….

후후후. 그럼 아래에 있는 '**최적화 문제를 표현하는 방법**'을 참고하세요. **변수(변하는 값)**가 나타내는 것은 '**행동이나 선택**'이죠? 여기서는 '**행동**'이라고 표현하겠습니다.

목적 함수　　$f$(행동) → 최소화
제약 조건　　행동에 관한 조건

목적 함수　　$f$(행동) → 최대화
제약 조건　　행동에 관한 조건

음. **목적 함수**, **제약 조건**, 그리고 **행동(변수)**의 3종 세트. 지금까지 배운 내용을 복습하는 것이군요(P. 23).

네, 그렇습니다.
여기서 '$f$(행동)의 최소화'와 '$-f$(행동)의 최대화'는 음의 부호가 있느냐 없느냐의 차이만 있을 뿐 **본질적으로 같은 것**입니다.

어???  **최소와 최대가 본질적으로 같다고요…?**
그, 그건 뭔가 시적인 비유 표현인가요…?
'약함은 강함', '최악은 최고' 같은…?

아뇨, 아뇨! 100% 수학 이야기입니다!
그래프로 생각하면, 직관적으로 이해하기 쉬워요.

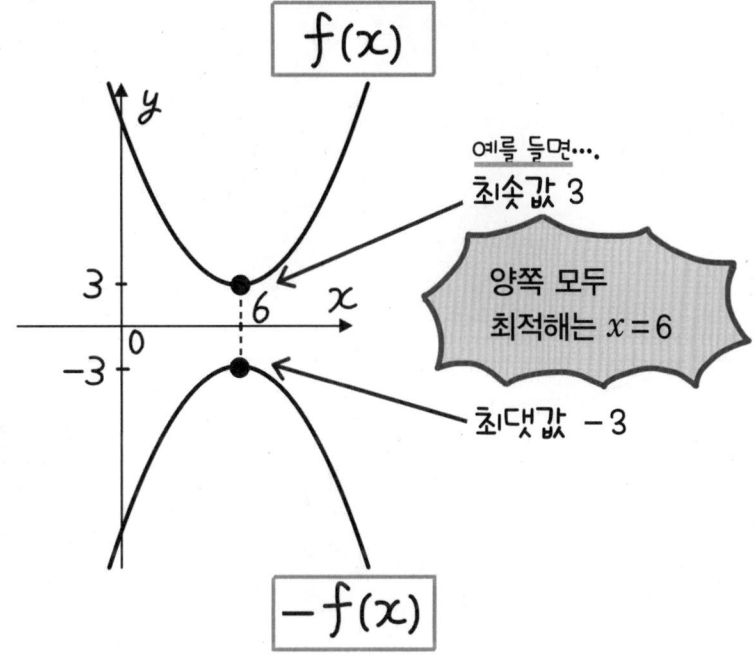

위의 그림을 보세요.
$-f(x)$의 그래프는 $f(x)$의 그래프를 '$x$축에 대해 대칭 이동한 것'이 됩니다.

이 그림을 보면 **음의 부호가 있느냐 없느냐의 차이만** 있을 뿐, **최적해 자체는 같다**는 것을 알 수 있죠?

맞아요…! 그래프를 보고 눈으로 직접 확인하니까 확실히 잘 알 수 있어요.

그렇죠. **그래프는 우리들의 든든한 조력자**입니다.
그래프를 잘 활용해서 여러 가지를 깔끔하게 이해해 봅시다~.

## 1-2 최적화에 필요한 수학은 이 정도면 충분하다

▶▶▶ 벡터, 행렬이 어떻게 도움이 될까?

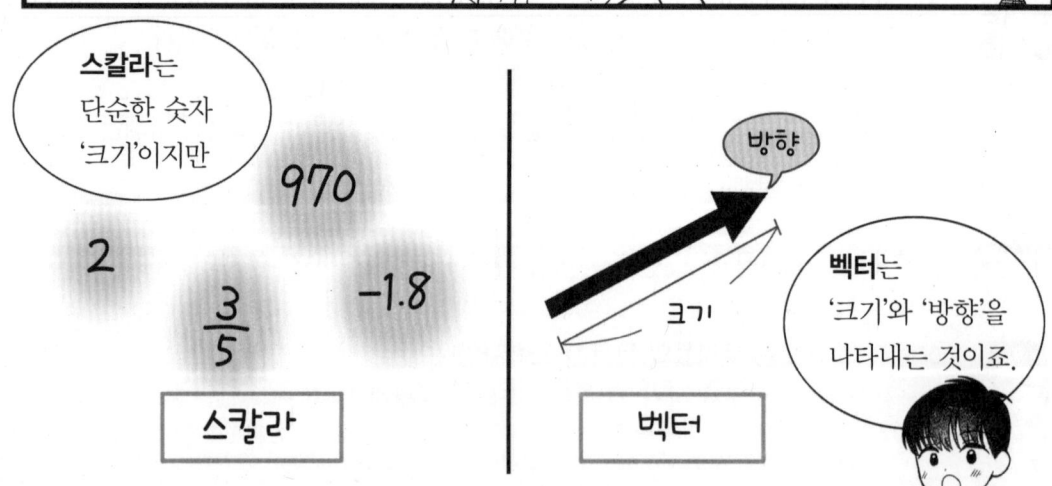

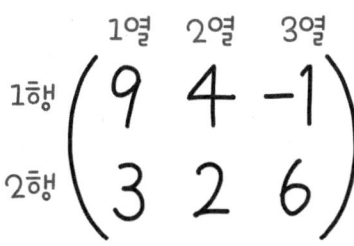

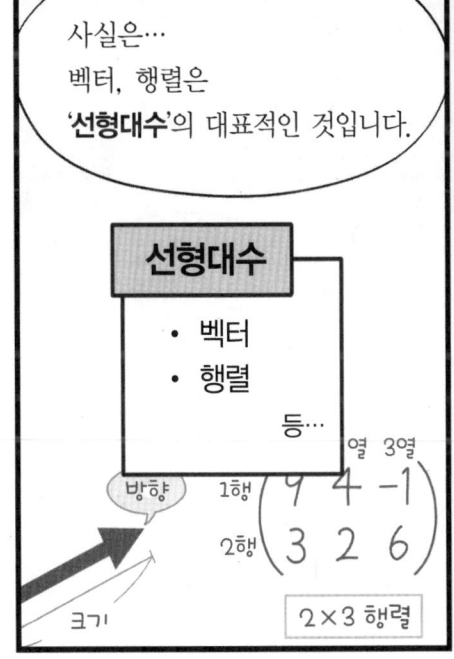

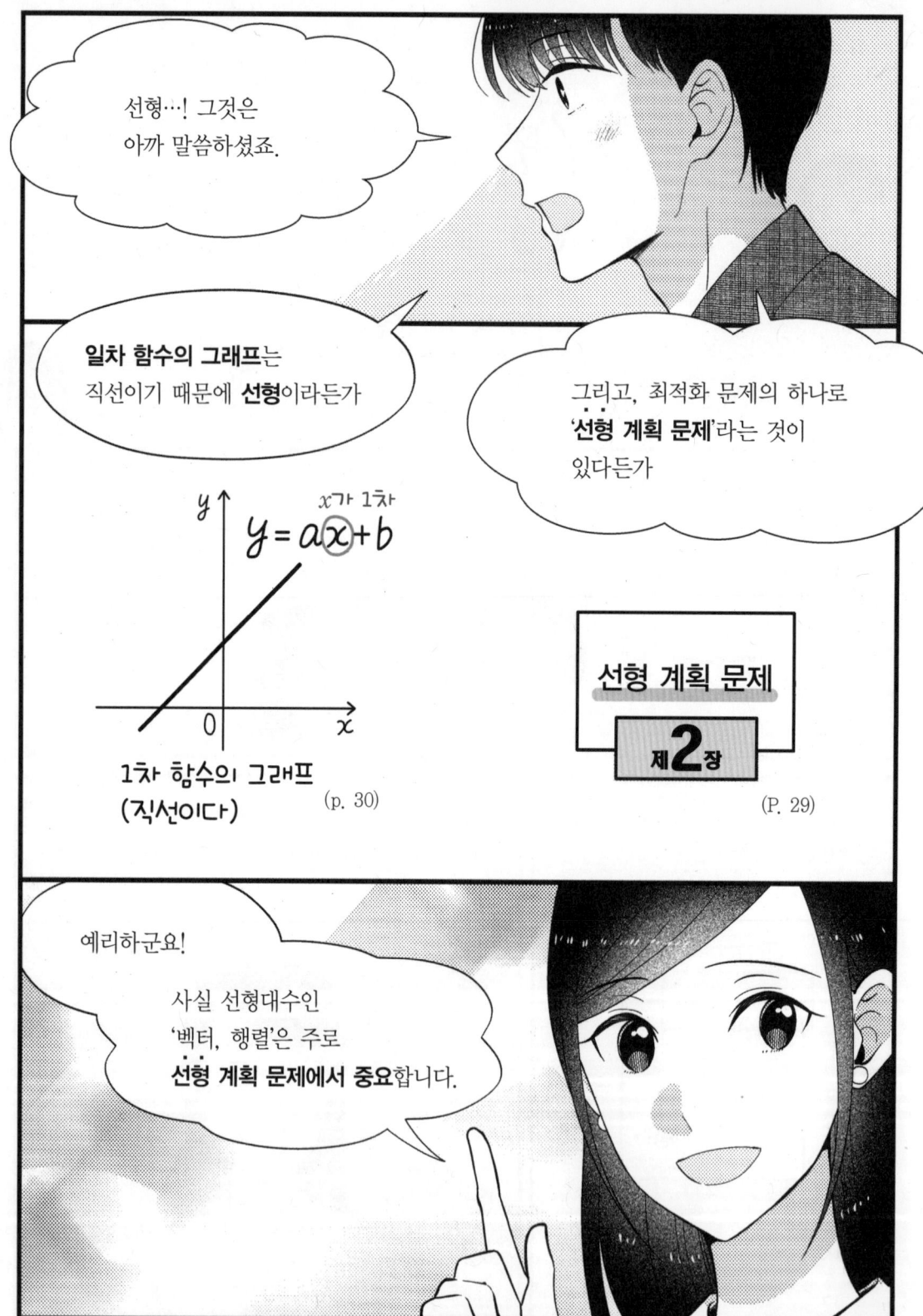

### ▶▶▶ 스칼라, 벡터, 행렬 ▶▶▶

이제 선형대수에서 다루는 '**스칼라**, **벡터**, **행렬**'에 대해 알아보겠습니다.

◆ **스칼라**
단순한 수치입니다. 1, 238, −50, 7.5, $\frac{2}{3}$ 등.

◆ **벡터**
스칼라를 세로로 나열한 것입니다.

$$\begin{pmatrix} 1 \\ 2 \\ 3 \end{pmatrix}$$

벡터는 보통 세로로 나열하지만, 가로로 나열하는 경우도 있습니다. 이 두 가지를 구분하여 '세로 벡터', '가로 벡터'라고 합니다.

$n$개의 요소가 있는 벡터를 $n$차원 벡터라고 합니다. 여기서는 3개의 요소가 있으므로 이 벡터를 3차원 벡터라고 합니다.

◆ **행렬**
스칼라를 가로와 세로로 나열한 것입니다. 또한 같은 차원의 벡터를 가로로 나열한 것입니다.

$$\begin{pmatrix} 1 & 2 & 3 \\ 4 & 5 & 6 \end{pmatrix}$$

$m$행 $n$열의 행렬을 $m \times n$ 행렬이라고 부릅니다. 또한, $m$차원 벡터가 $n$개(열)로 나열되어 있다고 해석할 수 있습니다. 이 행렬은 2행과 3열로 이루어져 있으므로 2×3 행렬입니다.

음. 벡터도 '숫자를 나열한 것'으로 표현할 수 있군요.
하지만 역시나 왠지 **화살표 이미지**가 강하네요.

그렇죠. 역시 사람에게는 화살표로 표현하는 것이 이해하기 쉽고 보기에도 좋다는 것입니다.
그럼, 다음에는 그림으로 한번 살펴볼게요~.

### ▶▶▶ 벡터의 특징을 그림으로 이해하자 ▶▶▶

자, '**2차원 벡터**'와 '**3차원 벡터**'의 예는 아래 그림과 같습니다.
화살표의 머리는 **원점 O**, 꼬리는 **벡터 값의 좌표 위치**이지요?
'원점'에서 '벡터 값의 좌표'까지 이동하는 화살표는 방향을 나타냅니다.

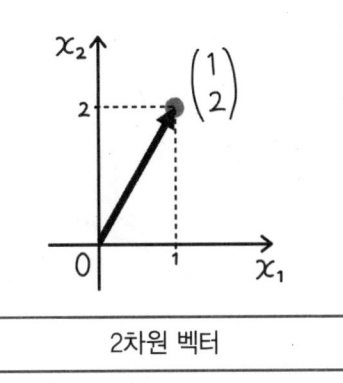
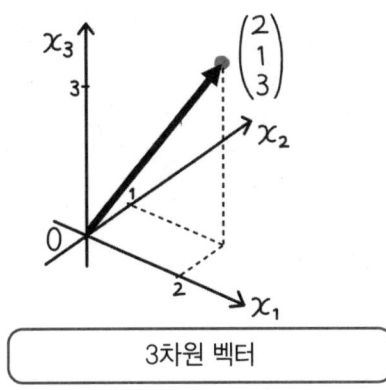

좌표축의 $x_1$, $x_2$, $x_3$이 조금 생소하지만, $xy$ 평면이나 $xyz$ 공간과 같은 의미군요.
2차원 벡터(요소가 2개)는 **평면의 한 점**을 가리키고 있습니다.
3차원 벡터(요소가 3개)는 **공간의 한 점**을 가리키는 것 같네요.

그럼 다음은 '**벡터의 정수배**'와 '**벡터 간의 덧셈 연산**'입니다.
벡터의 정수배는 쉽게 이해할 수 있어요. 벡터에 2를 곱하면 길이가 2배가 됩니다.

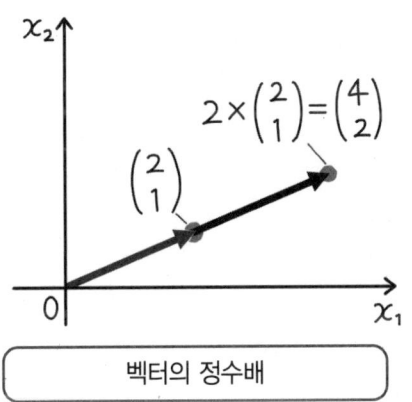
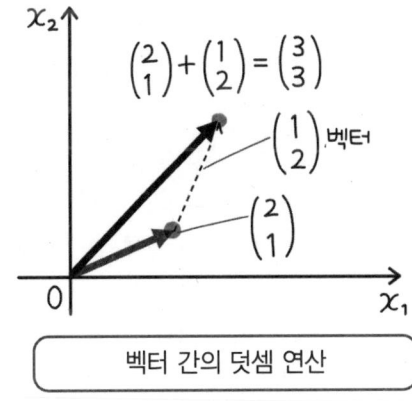

벡터의 덧셈은 첫 번째 벡터 방향으로 진행한 다음, 두 번째 벡터(점선)를 더 진행하는 이미지군요.
'원점'으로부터 '진행 방향의 좌표'를 향해 화살표를 그렸더니 새로운 벡터가 만들어졌어요!

다음은 조금 어려운 '**벡터에 행렬을 곱하는 의미**'에 대해 알아보겠습니다.
아래 그림을 참고하세요. 먼저 **일반적인 좌표축**에 하나의 벡터 $x$가 있습니다.
예에서는 (1, 1)로 되어 있습니다.

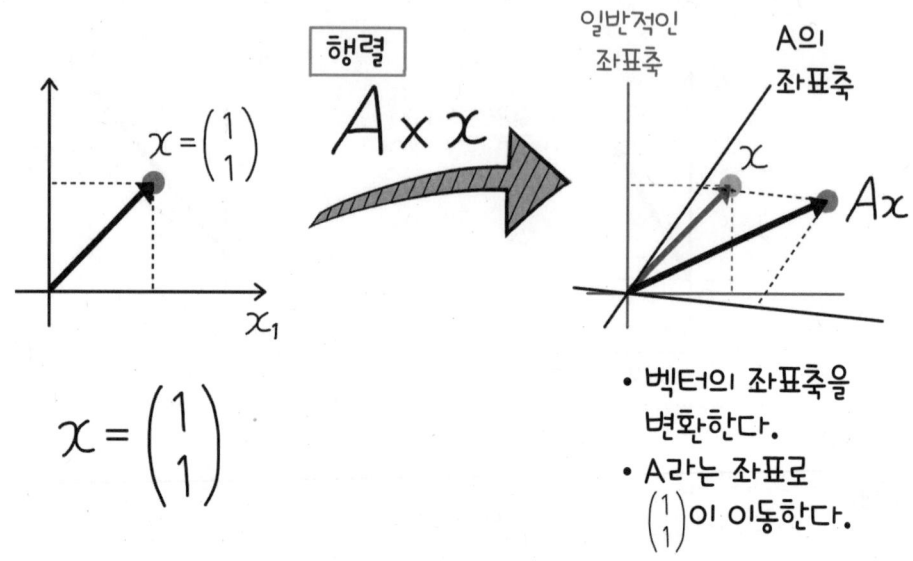

이 평범한 벡터에 충격적인 사건이 일어납니다. 바로 행렬 $A$와의 만남입니다.
**벡터 $x$에 행렬 $A$를 곱하면** 벡터는 변화합니다.
벡터 $Ax$로 변해버린 것입니다…!

정말이군요. 두 벡터를 비교해보면 길이도 방향도 다르군요.

네, 확실히 그렇습니다…, 하지만 그 밖에도 중요한 의미가 있습니다.
사실… 원래 있던 세계와는 다른 세계입니다!
일반적인 좌표축에 있었는데, 변화 후에는 $A$ **좌표축**에 있는 것이죠.

정리하자면, **벡터에 행렬을 곱한다**는 것은 행렬 $A$의 좌표축으로 (1,1)을
**좌표 이동**하는 것을 의미합니다.

그렇군요. (1,1)이라는 숫자는 변하지 않았지만, **좌표축이 통째로 변환되었기 때문에
벡터의 길이와 방향에 변화가 생긴** 것이군요.

### ▶▶▶ 표기 방법 ▶▶▶

여기서는 표기 방법에 대해 설명해 드릴게요~.
다소 복잡하게 느껴질 수도 있지만, 조금씩 익숙해져 가도록 합시다.

---

이 책의 수식에서 스칼라, 벡터, 행렬을 변수로 문자로 표현할 때, 각각을 구별하기 위해 **스칼라는 일반 소문자, 벡터는 굵은 글씨, 행렬은 대문자**로 표현합니다.

예를 들어, $x$는 스칼라, $\boldsymbol{x}$는 벡터, $X$는 행렬입니다.
(벡터는 고등학교 수학에서처럼 문자 위에 화살표를 표현하기도 합니다).

또한, $n$**차원의 변수 벡터**(P. 72에서 설명), $m \times n$ **행렬**을 성분으로 표현할 경우에는 각각

$$\boldsymbol{x} = \begin{pmatrix} x_1 \\ x_2 \\ \vdots \\ x_n \end{pmatrix} \qquad A = \begin{pmatrix} a_{1,1} & a_{1,2} & \cdots & a_{1,n} \\ a_{2,1} & a_{2,2} & \cdots & a_{2,n} \\ \vdots & & & \vdots \\ a_{m,1} & a_{m,2} & \cdots & a_{m,n} \end{pmatrix}$$

[변수 벡터의 성분]　　　　[행렬의 성분]

라고 표현합니다. $x_i$는 $\boldsymbol{x}$의 $i$번째 성분을 나타내고, $a_{ij}$는 $A$의 $i$번째 행 $j$번째 열의 성분을 나타냅니다.

---

**성분**은 '전체를 구성하는 각각의 요소'와 같은 의미이군요.
주소의 번지처럼, 어떤 성분을 가리킬 수 있는 거네요.

그리고 행과 열은 헷갈리기 쉬우므로
주의해야 합니다.

$$\text{행} \rightarrow \begin{matrix} 1\text{행} \\ 2\text{행} \end{matrix} \begin{pmatrix} 9 & 4 & -1 \\ 3 & 2 & 6 \end{pmatrix}$$

열 ↓ ↓ ↓  1열 2열 3열

[2×3 행렬]

제1장 수리 최적화란?

▶▶▶ **연립일차방정식은 행렬과 벡터의 곱으로 표현할 수 있다** ▶▶▶

자, 이제부터가 중요한 부분입니다-.
방금 말씀드린 **연립일차방정식**.

$$x + y = 4$$
$$5x + 2y = 11$$

이것은 **행렬과 벡터의 곱(곱셈)**으로 나타낼 수 있습니다!

와! 도대체 어떤 식으로….

우선 나중에 계산하기 쉽도록 $x$, $y$를 $x_1$, $y_1$라고 합시다.

$$x_1 + x_2 = 4$$
$$5x_1 + 2x_2 = 11$$

그러면 행렬과 벡터를 이용하여 아래와 같이 나타낼 수 있습니다…!

> $x_1$, $x_2$를 모은 것이 벡터이고,
> $x_1$, $x_2$는 스칼라이므로 굵은 글씨로 표시하지 않았습니다.

$$\underbrace{\begin{pmatrix} 1 & 1 \\ 5 & 2 \end{pmatrix}}_{\text{행렬}} \underbrace{\begin{pmatrix} x_1 \\ x_2 \end{pmatrix}}_{\text{벡터}} = \begin{pmatrix} 4 \\ 11 \end{pmatrix}$$

와. 이렇게 하면, 좀 더 깔끔하게 정리할 수 있을 것 같네요…?

뭐, 아직은 그 장점이 잘 와닿지 않겠지만, 이렇게 하면 뭔가 계산 등이 편리해집니다~.

### ▶▶▶ 미분, 기울기가 어떻게 도움이 될까?

자, 다음은 '**비선형 계획 문제**'에 도움이 되는 수학을 알려드릴게요.

비선형 계획 문제
제**3**장

$y = ax^2$ (x가 2차)

2차 함수의 그래프
(곡선으로 되어 있다)

비선형… 직선이 아닌 **곡선** 등이군요.

맞아요~
그래서 이런 비선형을 다루는 데 도움이 되는 것이 바로 '**미분**'입니다~!

고등학교 때 배웠죠

**미분**

…

아, 잠시 정신을 잃었나요?!!!

아, **미분**은 수학을 싫어하는 사람들에게는 자신감을 잃게 하는 단어로…

크…

여하튼 우선은 미분법에 대해 알고 있는 것이 있나요?

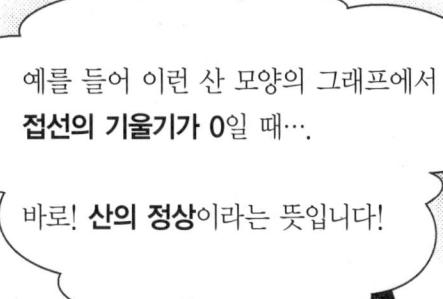

▶▶▶ **기울기 벡터가 어떻게 도움이 될까?**

그림 이제부터는 '**다변수 함수**'에 대해 이야기해 보겠습니다~.

다변수 함수…?! 왠지 어려울 것 같은…

다변수라는 이름 그대로 변수의 수가 늘어난 것입니다.

이 그림을 자세히 살펴보세요~

우와~! 오른쪽 **2변수 함수의 그래프**는 3차원 공간에서 **입체적**으로 표현되네요.

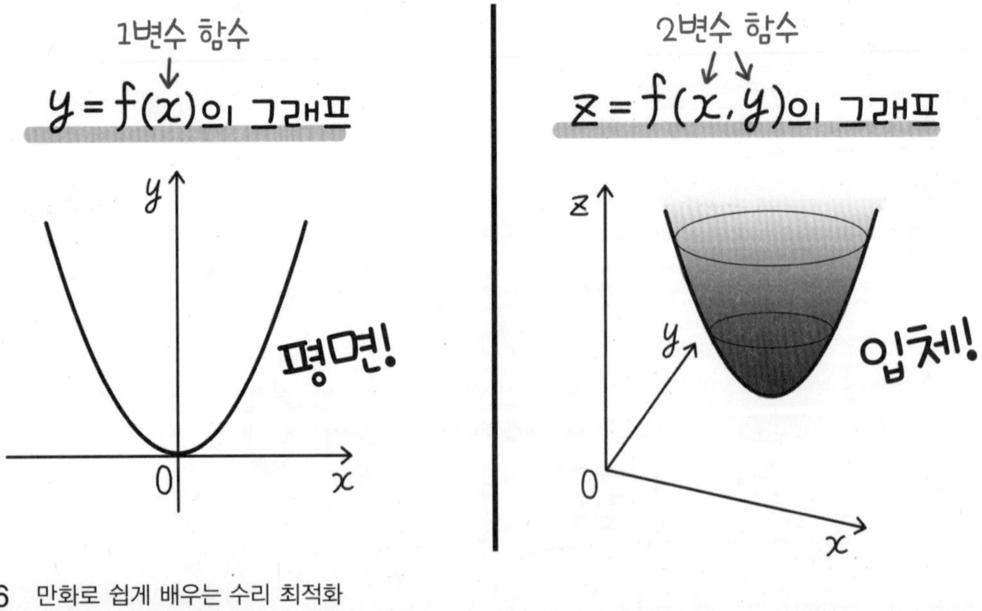

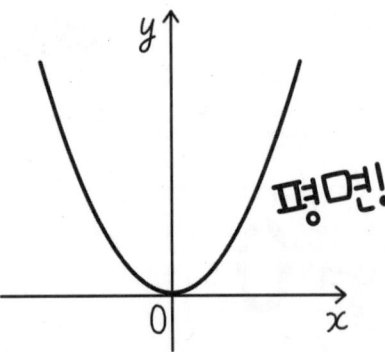

1변수 함수
$y = f(x)$의 그래프

평면!

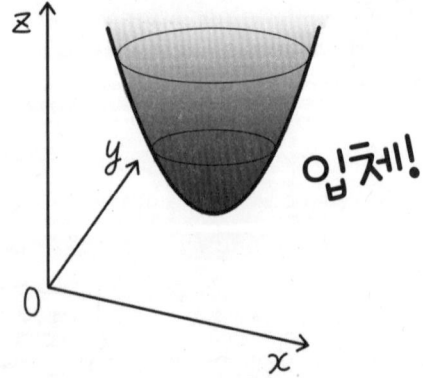

2변수 함수
$z = f(x, y)$의 그래프

입체!

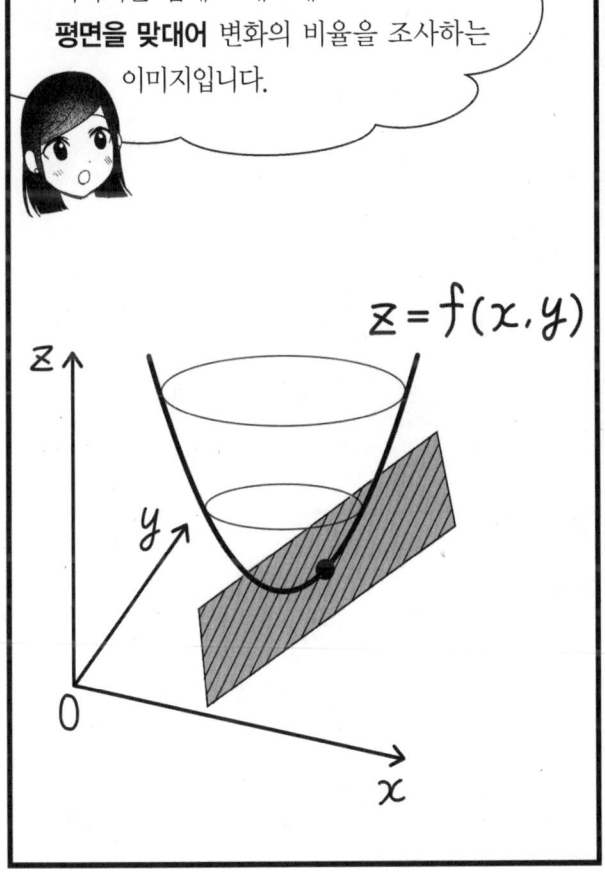

### ▶▶▶ 미분을 사용하자 ▶▶▶

그럼 이제부터 **미분을 포함한 수식**을 보여드리겠습니다.
기본적인 개념은 이미 다 배웠습니다~! 혹시나 하는 마음에 복습해 보겠습니다.

---
**미분이 필요한 이유, 개념 정리!**

우리들이 **최적값(최댓값·최솟값)**을 찾기 위해서는
'**경사**'와 '**기울기(기울기 벡터)**'라는 **단서**가 필요합니다.
이것들은 함수를 '**미분**'함으로써 얻을 수 있습니다.
그러니 겁먹지 말고 미분을 사용해 봅시다!

---

네네. 이렇게 목적이 명확해지면 미분도 두렵지 않겠구나… 하는 생각이 들었습니다.

다행이네요~. 그럼 이제 시작하겠습니다.

---

1변수 함수 $f(x)$의 첫 번째 미분을

$$f'(x) = \frac{\partial f}{\partial x}$$

라고 표기합니다(미분을 정의하는 식은 여기서는 생략합니다).

고등학교까지 배운 미분은 1변수에 대한 것만이었다고 생각합니다.
아래는 자주 나오는 미분의 예입니다.

$$\boxed{미분} \begin{cases} f(x) = 2x^2 + 4x \\ f'(x) = 4x + 4 \end{cases}$$

**미분 공식의 기본**

- $y = c \longrightarrow y' = 0$ (상수)
- $y = x^n \longrightarrow y' = nx^{n-1}$
- $y = kf(x) \longrightarrow y' = kf'(x)$
- $y = f(x) + g(x) \longrightarrow y' = f'(x) + g'(x)$
- $(f(x)g(x))' = f'(x)g(x) + f(x)g'(x)$

다변수 함수에 대해서도 미분이 있고, 이를 **편미분**이라고 합니다. 뒤에서 설명합니다(P. 53).

 어? 갑자기 왠지 어려운 것 같은데…. 두려워요….

 아뇨 아뇨, 겁먹지 마세요~!
고등학교 수학에서 미분이라고 하면 $d$(**델타**)를 사용하여 $dy/dx$ 등으로 표현했다고 생각하지만, 나중에 계산하기 쉽도록 $\partial$(**라운드-디**) 기호를 사용하고 있는 것 뿐입니다. 이 기호들을 보면 '미분'이구나! 라고 생각하시면 됩니다!

$$f'(x) = \frac{\partial f}{\partial x}$$ 미분이군!

 참고로 미분은 이름 그대로 '**미세하게 아주 작게 나누어서**' 생각하는 것입니다. 곡선(비선형) 그래프는 복잡하고 다루기 어렵지만, 아주 작게 나누는 미분이라는 개념을 도입하면 다양한 계산이 가능해집니다.

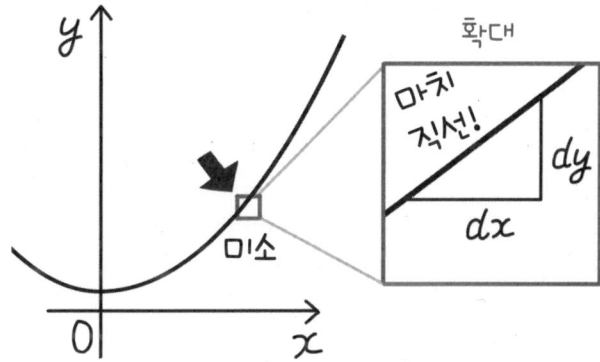

 음음. 설명을 듣고 나니 점점 마음이 가벼워지네요.
미분에도 확실히 익숙해져야 되겠어요~.

---

**column** ♦ **단순한 0과 0 벡터의 차이**

P. 48에서 0 벡터가 등장했죠? 여기서 숫자 0과의 차이점을 정리해 보겠습니다.

- 0(Zero) … 단순한 숫자, 스칼라(P. 34)입니다. '크기'가 0임을 나타냅니다.
- 0 벡터 … 벡터이므로 '크기'와 '방향'이 0임을 나타냅니다. 또한 (0,0) (0,0,0)과 같이 모든 성분이 0인 벡터를 나타냅니다.

### ▶▶▶ 기울기(기울기 벡터)의 식 ▶▶▶

기울기 벡터에 대해 이야기할 때(P. 39), 수식에 대해선 보여주지 못했습니다.
드디어 이제 여기에서 **기울기 벡터의 공식**을 공개합니다. 짠~!

---

◆ 기울기 벡터

$$\nabla f(\boldsymbol{x}) = \begin{pmatrix} \frac{\partial f}{\partial x_1} \\ \frac{\partial f}{\partial x_2} \\ \vdots \\ \frac{\partial f}{\partial x_n} \end{pmatrix}$$

변수 벡터의 성분별로 함수를 편미분한 것을 나열한 벡터를 기울기(기울기 벡터)라고 합니다.
$f'$가 아니라 $f$앞에 $\nabla$(나브라)를 붙입니다.

---

우와! 어려워!! …라고 잠시 생각했지만, 냉정하게 잘 살펴보는 것이 중요하네요.

음, $x$는 굵은 글씨로, 물론 벡터라는 뜻입니다. 앞에서 벡터 그림을 봤을 때(P. 39), **2차원 벡터(요소가 2개)** 와 **3차원 벡터(요소가 3개)** 가 있었습니다.

그런 식으로 여기서는 요소가 $n$개 있고, 그 성분(요소) 별로 **편미분**이라는 것을 했었죠.
처음 등장한 $\nabla$**(나브라)** 라는 기호도 잘 기억해 두세요.

오~! 미분을 두려워하지 않는 자세에 벌써부터 성장이 느껴집니다!
여기서 '편미분'이라는 단어가 나왔는데요, **편미분이란 '다변수 함수에 대한 미분'** 이라고 생각해주세요.

1변수 함수라면 변수가 하나이기 때문에 미분 대상이 하나(예를 들어 $x$)밖에 없죠? 하지만 다변수 함수라면 변수가 여러 개 있습니다(2변수 함수라면 $x$와 $y$, 또는 $x_1$과 $x_2$). 그래서 **하나 하나 순서대로 미분**을 해 나가야 합니다.
'**하나의 변수에 주목하여 미분한다**'는 것입니다.

구체적으로는, **주목하고 있는 변수 이외의 변수를 상수로 간주하고 미분**하는 것입니다.

상수로 간주하고 미분…. 이전의 공식(P. 50)에도 나와 있듯이 '상수를 미분하면 0'이군요. 즉, 주목하지 않는 변수는 없어지는 거군요.

네, 그런 미분 계산만 알면 완벽합니다!
그럼 수식을 보여드리면서 '편미분'에 대해 자세히 설명해 드릴게요.

---

◆ **편미분**

편미분이란 다변수 함수를 '특정 문자 이외는 상수로 간주하여' 미분하는 것을 말합니다. 예를 들어, 아래 식과 같습니다.

$$f(x_1, x_2) = 2x_1^2 + 2x_1 x_2 + 3x_2^2$$

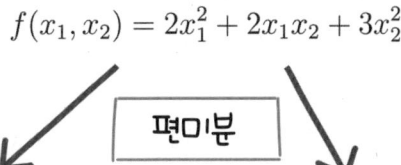

$x_1$에 관한 편미분
$$\frac{\partial f(x_1, x_2)}{\partial x_1} = 4x_1 + 2x_2$$

$x_2$에 관한 편미분
$$\frac{\partial f(x_1, x_2)}{\partial x_2} = 2x_1 + 6x_2$$

첫 번째 $x_1$에 대한 편미분은 $x_2$를 고정된 상수로 미분하고 있습니다.

기울기(기울기 벡터) 형태로 작성하면

$$\nabla f(\boldsymbol{x}) = \begin{pmatrix} \frac{\partial f}{\partial x_1} \\ \frac{\partial f}{\partial x_2} \end{pmatrix} = \begin{pmatrix} 4x_1 + 2x_2 \\ 2x_1 + 6x_2 \end{pmatrix}$$

가 됩니다.
　1변수의 미분은 소위 '기울기'를 나타내며, $\frac{\partial f(x_1, x_2)}{\partial x_2}$는 $x_1$을 축으로 했을 때의 기울기를 의미합니다.

---

제1장 수리 최적화란?

### ▶▶▶ 경사와 기울기 ▶▶▶

아주 중요한 '**기울기**'와 '**경사**'에 대해서도 다시 한 번 소개해 드릴게요~.

1변수 함수 $f(x)$의 경우, 미분한 식은 점 $\bar{x}$에서 **직선의 기울기**를 의미합니다. 【아래 그림의 왼쪽】.

다변수 함수 $f(x, y)$(여기서는 2변수)의 경우, 미분(편미분)한 식은 $x$, $y$에서의 **평면의 기울기**를 의미합니다. 【아래 그림의 오른쪽】

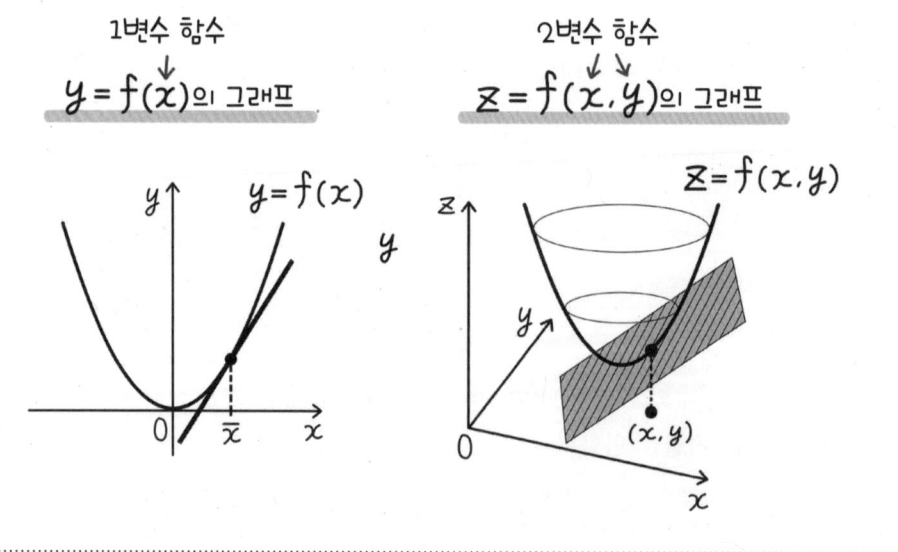

아, 지금까지의 복습이군요. 그리고 기울기는 **기울기 벡터**로 나타낼 수 있네요(P. 48, P. 52).

▶▶▶ **2회 미분해 보자, 헤세 행렬** ▶▶▶

자, 고급수학에서 '미분을 두 번 하는 것'도 배우게 될 것입니다.

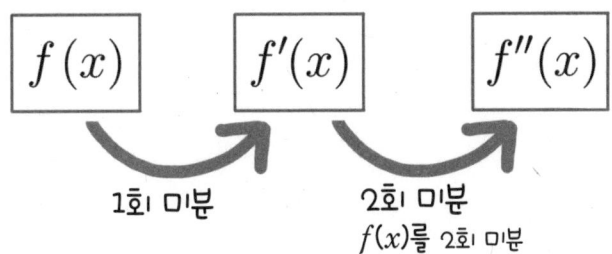

아-. 어디선가 본 듯하기도…?
'2회 미분하면 2단계 미분!'이라는 미묘하고도 복잡한 개념이 인상적이군요!

그렇죠. 일단 여기서는 2회 미분이라고 가정해 봅시다.
그래서 **1변수 함수를 2회 미분한 식**은 다음과 같습니다.

$$f''(x) = \frac{\partial^2 f}{\partial x^2}$$

2회 미분

음음. 뭐, 이런 건 다 외울수 있는 것 같은 느낌이 드네요.

그런데 사실 1변수 함수뿐만 아니라 **'다변수 함수'도 2회 미분**할 수 있어요!

'다변수 함수'를 미분(편미분)하면 **'기울기(기울기 벡터)'**를 얻을 수 있습니다.
그 기울기를 또 다시 미분하면 **'헤세 행렬'**이 됩니다~!

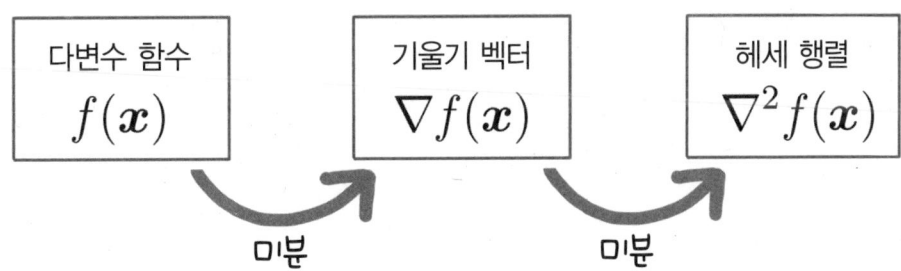

 으아-! 그 헤세 행렬이라는 것은 어떤 식이고, 무엇을 나타내는 것인가요?
어려울 것 같고, 조금 두렵기도 하지만….

 자자, 여기를 참고해 주세요.

◆ 헤세 행렬

$$\nabla^2 f(\boldsymbol{x}) = \begin{pmatrix} \frac{\partial^2 f}{\partial x_1^2} & \frac{\partial^2 f}{\partial x_1 \partial x_2} & \cdots & \frac{\partial^2 f}{\partial x_1 \partial x_n} \\ \frac{\partial^2 f}{\partial x_2 \partial x_1} & \frac{\partial^2 f}{\partial x_2^2} & \cdots & \frac{\partial^2 f}{\partial x_2 \partial x_n} \\ \vdots & & & \vdots \\ \frac{\partial^2 f}{\partial x_n \partial x_1} & \frac{\partial^2 f}{\partial x_n \partial x_2} & \cdots & \frac{\partial^2 f}{\partial x_n^2} \end{pmatrix}$$

헤세 행렬은 기울기를 또 다시 미분한 것으로, 아래 그림과 같이 **곡률**이라고 하는 **휘어진 정도**를 나타냅니다.

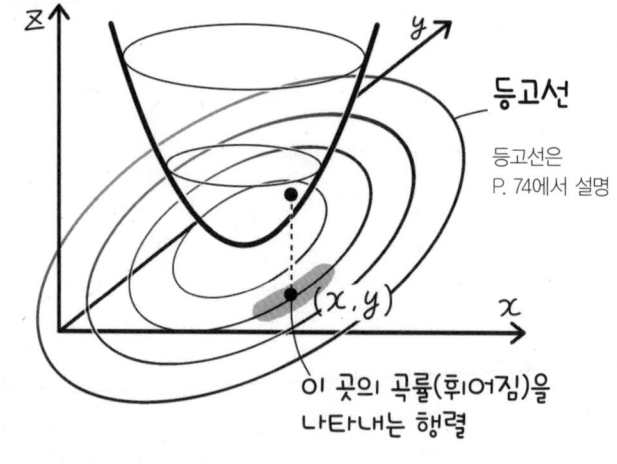

등고선

등고선은
P. 74에서 설명

이 곳의 곡률(휘어짐)을
나타내는 행렬

 우와, 대단해요. '기울기'는 입체적인 그래프에 **'평면인 것(얇은 판)'을 대고 변화의 비율을 알아내는** 이미지였습니다(P. 47). 그래서 **벡터**로 표현할 수 있었죠.

하지만 이 '헤세 행렬'이라는 것은 더 복잡하고….
입체적인 그래프의 **곡률(휘어짐)**을 나타내는 것이군요.
'기울기'보다 '곡률(휘어짐)'이 확실히 더 강력한 느낌이 들어요!

그렇죠~? 지금까지 보아왔던 입체적인 그래프는 **예쁜 하나의 산 모양이나 골짜기 모양**이었지만, 실제 그래프는 훨씬 더 **구불구불하고 복잡한 형태**를 하고 있습니다.

이럴 때, 헤세 행렬을 이용하면 최적의 해를 판단할 수 있답니다.
또한, 헤세 행렬을 이용한 멋진 알고리즘도 있습니다.

호오! 언젠가는 헤세 행렬에 의지할 날이 오겠군요!

### column ◆ 스칼라와 벡터

스칼라와 벡터에 대해서는 P. 34 등에서 설명했지만, 여기서는 물리학적인 관점에서 소개합니다.

스칼라는 '크기'를 나타내는 물리량, 벡터는 '크기'와 '방향'을 가진 물리량입니다.

스칼라는 질량(무게), 거리(길이), 온도 등을 나타냅니다. 이들은 크기(수치)만 있고 방향이 없는 물리량입니다.

반면 벡터는 힘, 속도, 전기장, 자기장 등을 나타냅니다. 이들은 크기 외에 '방향'을 가진 물리량입니다.

예를 들어, 골판지 상자의 질량(무게)은 스칼라로 표현합니다. 그리고 상자를 밀었을 때 그 힘은 벡터로 표현합니다.

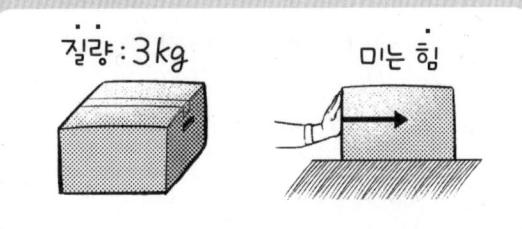

제1장 수리 최적화란? 57

# 팔로우 업

## 최적화 문제의 표기 방법

여기에서는 최적화 문제의 표기 방법에 관해서 보충 설명합니다. 조금 전에는 제약 조건이 구체적으로 수식으로 주어졌습니다. 여기에서는 추상적으로 $S$를 실행 가능 영역(제약 조건을 만족시키는 범위)을 나타내는 집합으로 최대화와 최소화를 각각

$$\begin{vmatrix} \text{목적 함수} & f(\boldsymbol{x}) & \to & \text{최대화} \\ \text{제약 조건} & \boldsymbol{x} \in \mathcal{S}, & & \end{vmatrix} \quad \text{또는} \quad \begin{vmatrix} \text{목적 함수} & f(\boldsymbol{x}) & \to & \text{최소화} \\ \text{제약 조건} & \boldsymbol{x} \in \mathcal{S} & & \end{vmatrix} \quad (1.1)$$

으로 나타냅니다.[1] 또는 영어 표기로는

$$\begin{aligned} \max & \quad f(\boldsymbol{x}), \\ \text{subject to} & \quad \boldsymbol{x} \in \mathcal{S}, \end{aligned} \quad \text{또는} \quad \begin{aligned} \min & \quad f(\boldsymbol{x}), \\ \text{subject to} & \quad \boldsymbol{x} \in \mathcal{S}, \end{aligned} \quad (1.2)$$

으로 나타냅니다.[2]

---

[1] 이러한 표기 방법에 관해서는 몇 가지 방식이 있습니다. 또한 $x \in S$는 $x$가 집합 $S$에 속한다는 수학적인 표기입니다.
[2] subject to는 s.t.라고 생략하여 기술하는 경우도 많습니다.

# 제 2 장

## 선형 계획 문제

## 2-1 선형 계획 문제의 예

▶▶▶ **최대 이익이 될 수 있도록 생산하고 싶다!**

그래서 오늘은 최적화 문제의 한 종류인 **'선형 계획 문제'**를 공부하겠습니다.

LP(엘피)라고 부르기도 하죠!

흐음~ 엘피… 간단하고 편리하네요!

그리고 선형 계획 문제의 유명한 예로 **'생산 계획 문제'**라는 것이 있습니다.

생산 계획…?

### 선형 계획 문제의 예(생산 계획 문제)

◆ 제품 X와 제품 Y의 **생산량**을 고려합니다.

◆ 제품 X를 1kg 생산하기 위해서는 원료 A가 4kg, 원료 B가 2kg, 원료 C가 1kg이 필요합니다.

◆ 제품 Y를 1kg 생산하기 위해서는 원료 A가 1kg, 원료 B가 2kg, 원료 C가 3kg이 필요합니다.

◆ 원료의 **재고량**은 A는 72kg, B는 48kg, C는 48kg입니다.

◆ 제품 X의 판매 가격이 3천 원/kg, 제품 B의 판매 가격이 2천 원/kg이라고 할 때, **매출액***을 최대화하려면 제품 X와 제품 Y를 얼마나 생산해야 할까요?

※ 매출액(매출)에 대해서는 단순화를 위해 용기나 생산 비용 등은 고려하지 않기로 합니다.

### ▶▶▶ 조미료 문제도 공식화

자, 이러한 '두 가지 조미료의 생산 계획'이 **현실의 과제**입니다.

우선은 이런 표로 정리해서 깔끔하게 생각할 수 있도록 해봅시다.

제품

| | $X$ | $Y$ | 상한 |
|---|---|---|---|
| A | 4 | 1 | 72 |
| B | 2 | 2 | 48 |
| C | 1 | 3 | 48 |

재료

그리고 $x$와 $y$를 '제품 X와 제품 Y의 생산량을 나타내는 변수'로 하면, 이와 같이 '**공식화**'할 수 있고, **최적화 문제**를 만들 수 있습니다!

오오! '목적 함수, 변수, 제약 조건'의 3종 세트군요.

**목적 함수**

판매가(천 원) ↓
$$f(x, y) = 3x + 2y \rightarrow \text{최대화}$$
↑ 매출액   ↑ X의 생산량(변수)   ↑ Y의 생산량(변수)

여기서 중요한 것은 **목적 함수**와 **제약 조건**의 모든 식이 **1차 함수**라는 점입니다.

**제약 조건**

$4x + y \leq 72$,  A의 재고
$2x + 2y \leq 48$,  B의 재고
$x + 3y \leq 48$,  C의 재고
$x \geq 0, \ y \geq 0$.  생산량은 음수 값이 안 된다!

제2장 선형 계획 문제

▶▶▶ **실행 가능 영역과 목적 함수**

제약 조건
$$4x + y \leq 72,$$
$$2x + 2y \leq 48,$$
$$x + 3y \leq 48,$$
$$x \geq 0, \; y \geq 0.$$

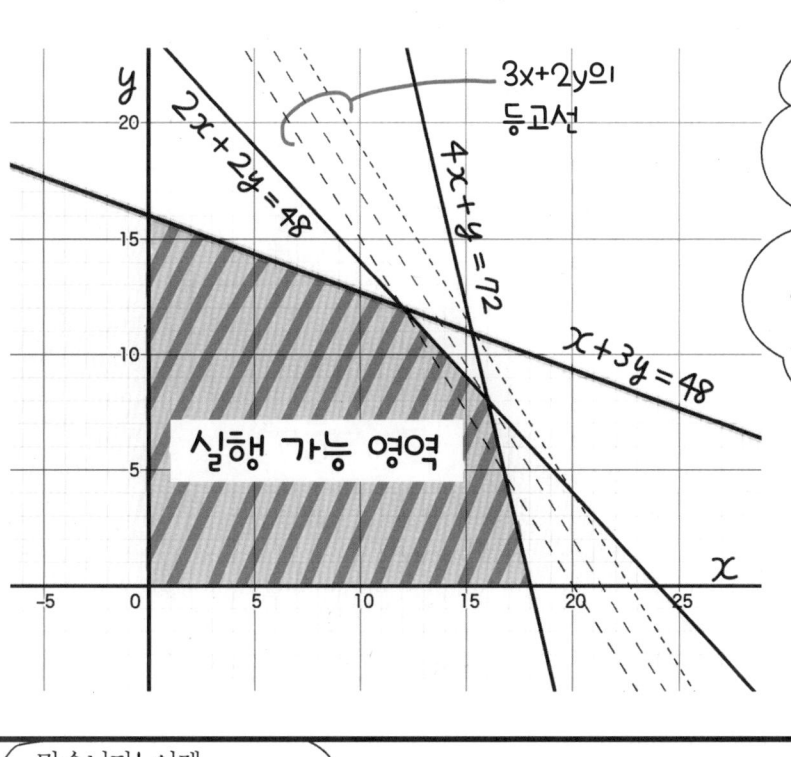

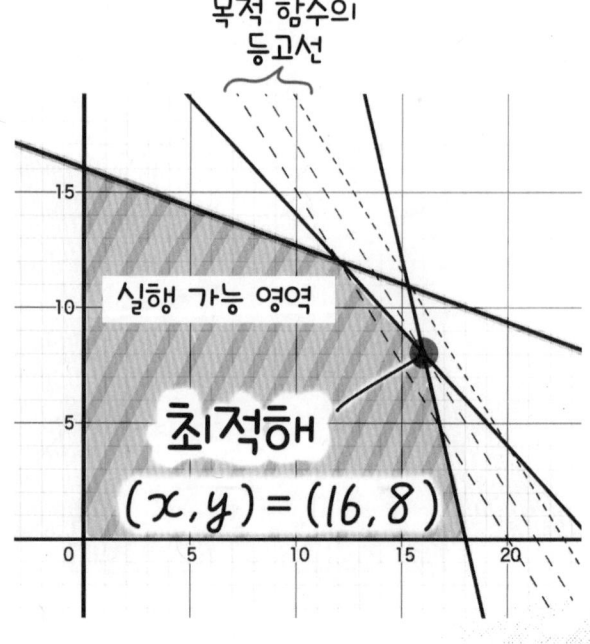

아, 이 목적 함수의 등고선(점선)을 이용하여, **'실행 가능 영역 중 최대가 되는 점'**을 찾는다는 것이군요!

이렇게 해서 얻어진 것이 이것입니다!
즉, (16, 8)이 **최적해**.

맞습니다!
요약하면 이러한 결과가 됩니다.

**최적해** (16, 8)

목적 함수 $f(x,y) = 3x + 2y$ 이므로

**최적값** $f(16, 8) = 64$

그러니까, 제품 X를 16kg, 제품 Y를 8kg 생산하면, **최대 매출액**… 6만 4,000원

결국 6만 4,000원이 되는 거군요!

그렇습니다~!

짝짝

제2장 선형 계획 문제

### ▶▶▶ 복잡한 대규모 문제를 다루기 위해 ▶▶▶

그럼, 언젠가 미래에 '크고 복잡한 문제'를 다룰 때를 대비해서, 우선 여러 가지 규칙을 알아둡시다.

예를 들어, 변수가 적으면 처럼 몇 가지 기호를 대입하여 사용할 수 있을 것입니다. 그런데 **현실적인 문제에서는 변수가 굉장히 많아져서** 이 방법으로는 곤란하게 되는 거죠.

그래서 **하나의 기호를 변수 벡터**로 아래와 같이 첨자를 사용하여 표현합니다. 스칼라(여기에서는 변수)를 세로로 늘어놓은 것이 벡터가 됩니다(P. 38).

$$x = \begin{pmatrix} x_1 \\ x_2 \\ \vdots \\ x_n \end{pmatrix}$$

음.
예를 들어, '변수 $x, y, w, v, u$'도 첨자를 사용하여 '$x_1, x_2, x_3, x_4, x_5, x_6$'으로 표현할 수 있군요. 그리고 정리를 하면 '변수 벡터 $x$'라고 표현할 수 있다는 거죠.

이렇게 하면 **많은 수를 모아서 하나로 표현할 수 있군요**.
아까는 2개였던 조미료의 종류가 매우 많아져도 괜찮다는 것이죠…!

그렇죠. 그럼 다음은 **'일반적인 선형 계획 문제'를 표현하는 방법**을 보여드리겠습니다.
다음 페이지의 수식을 참고해 주세요. 대량의 기호와 수식에 순간 '우와' 하고 놀랄 수도 있지만, **첨자**에 주목하면서 차분히 살펴보는 것이 좋습니다.
특히 주목해 주셨으면 하는 부분을 회색으로 표시했습니다.

저, 첨자는 $n$과 $k$와 $m$의 3종류이군요.
그렇게 하면 많은 수의 **제약 조건 식**은 따로 나누어 생각할 수 있겠네요.
**등호, 부등호 부분에 주목**하면 되는 건가요?

네, 그렇습니다!
등식의 제약 조건을 **'등식 제약 조건'**, 부등식의 제약 조건을 **'부등식 제약 조건'**이라고 합니다.

$$
\begin{aligned}
\text{목적 함수} \quad & c_1 x_1 + \cdots + c_n x_n \quad \rightarrow \text{최소화 또는 최대화} \\
\text{제약 조건} \quad & a_{1,1} x_1 + \cdots + a_{1,n} x_n = b_1, \\
& a_{2,1} x_1 + \cdots + a_{2,n} x_n = b_2, \\
& \quad \vdots \\
& a_{k,1} x_1 + \cdots a_{k,n} x_n = b_k, \\
& a_{k+1,1} x_1 + \cdots + a_{k+1,n} x_n \leq b_{k+1}, \\
& a_{k+2,1} x_1 + \cdots + a_{k+2,n} x_n \leq b_{k+2}, \\
& \quad \vdots \\
& a_{m,1} x_1 + \cdots + a_{m,n} x_n \leq b_m, \\
& x_1, \ldots, x_n \geq 0
\end{aligned}
$$

식의 수는 $k$개가 있다.

식의 수는 $m-k$개가 있다.

이 식의 표현을 조미료 예제(P. 66)에 대입하면, 아래와 같습니다.

목적 함수  $\underset{c_1\, x_1}{3x} + \underset{c_2\, x_2}{2y} \quad \rightarrow \text{최대화}$

제약 조건  $\underset{}{0 x_1 + 0 x_2 = 0}$   $\begin{pmatrix} n=2 \\ k=0 \\ m=3 \end{pmatrix}$

$\underset{a_{0+1,1}\, x_1}{4x} + \underset{a_{0+1,2}\, x_2}{1y} \leq \underset{b_{0+1}}{72}$

$\underset{a_{0+2,1}\, x_1}{2x} + \underset{a_{0+2,2}\, x_2}{2y} \leq \underset{b_{0+2}}{48}$

$\underset{a_{0+3,1}\, x_1}{1x} + \underset{a_{0+3,2}\, x_2}{3y} \leq \underset{b_{0+3}}{48}$

$\underset{x_1, x_2}{x, y} \geq 0$

첨자 $n$, $k$, $m$의 의미도 정리해 두겠습니다.
$n$은 변수의 개수이므로 2(조미료 2가지)
$k$는 '같다'라는 제약 조건의 개수이므로 0
$m$은 '~이하'라는 제약 조건의 개수이므로 3(원료 3가지)입니다.
참고로 '~ 이상'이라는 제약 조건은 양변에 음수를 곱하면 '~ 이하'가 되므로, 제약 조건으로는 '~ 이하'만 있으면 충분합니다.

제2장 선형 계획 문제

오-! 표로 만든 공식(P .67)과 결과적으로는 똑같은 공식이 되었네요.

그러고 보니 예전에(P. 29) 각 문제마다 **'공식화, 알고리즘'**이 있다고 했었죠? 이것이 **'선형 계획 문제'의 공식화를 표현**하는 방법이라는 말씀이시군요.

맞습니다. 자, 이렇게 문제가 만들어졌다면, 다음에는 **풀이(문제를 푸는 방법)**가 궁금해지겠죠? 다음 단계로 넘어가 봅시다!

---

### column ◆ 등고선에 관하여

등고선은 P. 69의 그림(목적 함수의 등고선)과 P.56의 그림(헤세 행렬)에 등장했습니다. 등고선이라고 하면 지도의 산 높이를 나타내는 등고선의 이미지가 강할 수도 있습니다. 수학에서 등고선이란 '동일한 값을 가지는 직선 또는 곡선'을 말합니다. '같은 값을 가지는 선'이 됩니다. 그래프가 복잡한 모양이면 등고선도 복잡해집니다.

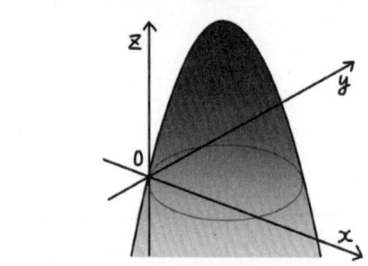

$f(x, y) = -x^2 - y^2 + 4x + 2y$ (위로 볼록한 그래프)

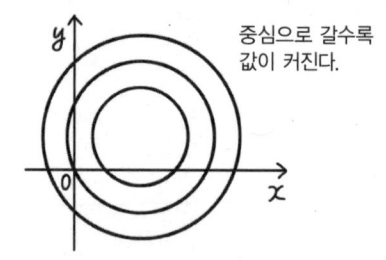

중심으로 갈수록 값이 커진다.

등고선은 $(x, y) = (2, 1)$을 중심으로 한 원

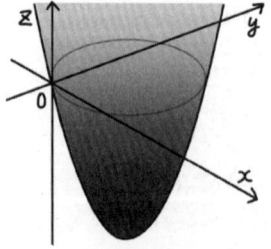

$f(x, y) = -x^2 - y^2 - 4x - 2y$ (아래로 볼록한 그래프)

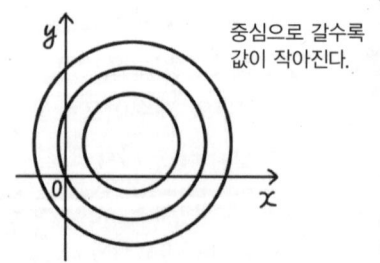

중심으로 갈수록 값이 작아진다.

등고선은 $(x, y) = (2, 1)$을 중심으로 한 원

# 2-2 단체법과 내점법

▶▶▶ **두 가지 풀이 방식에 대한 이미지**

대규모 선형계획 문제를 풀기 위한 대표적인 두 가지 방법이 있습니다.

'**단체법**(심플렉스법)'과 '**내점법**'입니다.

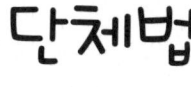

음— 단체 …. 내점 ….

해(답)를 찾기 위한 순서가 다릅니다.

이미지 그림으로 보면 이해하기 쉽기 때문에 2가지로 정리해서 보여드릴게요~!

단체법은 **실행 가능 영역의 끝점** —즉 '제약식의 직선이 교차하는 점'을 차례로 이동하며 최적해를 탐색하는 방식입니다.

# 단체법(單體法)
## (심플렉스법)

아— 얼핏 봤을 때는 '축을 따라 이동하는 건가?' 라고 생각했는데, 그렇지 않네요. 본질은 **'실행 가능 영역의 끝점을 순서대로 이동'**하는 것이군요!

이 '단체법'에 대해서는 나중에 좀 더 자세히 수학적으로 살펴볼게요~!

내점법은 실행 가능 영역의 **'내점(내부에 있는 점)'을 이동하며 최적해를 탐색하는 방법**이에요!

**내점법**(內點法)

오! 아까의 '단체법'과는 확실히 다르군요.

그런데, 저기…

'단체[3]'와 '탐정'은 조금 비슷하죠?

혜자 씨가 말하면서 쑥스러워하고 있군…!!

쭈뼛… 쭈뼛

[3] 역자 주: 단체(單體)의 일본어 발음과 해를 찾는 이미지인 탐정(探偵)의 발음이 유사한데 따르는 유머입니다

제2장 선형 계획 문제

### ▶▶▶ 단체법은 어떤 알고리즘(계산)인가 ▶▶▶

그럼 이제부터 **'단체법'의 알고리즘(계산)**에 대해 생각해 봅시다.
다시 한 번 복습하자면, **'단체법은 실행 가능 영역의 끝점을 따라 최적해를 구하는 방법'**이었죠?

음, 확실히 점과 점 사이를 이동하고 있었네요.

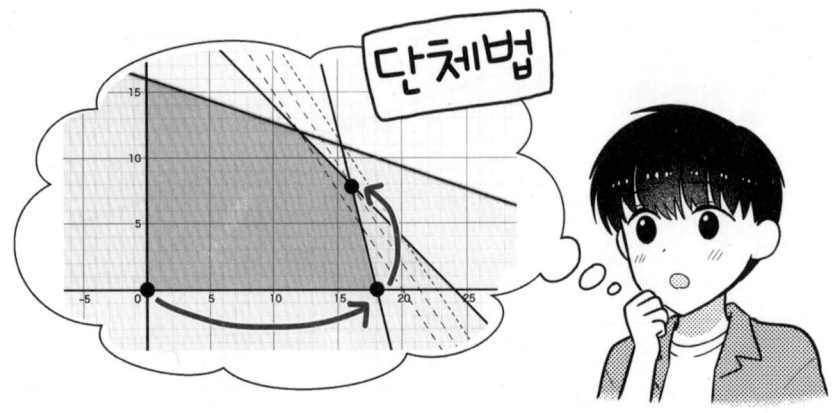

그렇다면 이것은 도대체 어떤 조작을 하는 것일까? 라고 하면….
**제약 조건 연립1차방정식 해의 후보를 차례로 대입하여 목적 함수 값을 확인한다**라는 것이죠.

음? **해의 후보를 차례로 대입**…?!! 그건 단순하다고 해야 하나, 기계적이라고 해야 하나….
방정식은 보통 좀 더 다른 방법으로 풀어야 할 것 같은데…. 음….

신기하죠~?. 그 의문도 나중에 풀릴 거에요.
그럼 방금 만든 식(P. 73)을 예로 들어 확인해 봅시다.

목적 함수  $3x + 2y \longrightarrow$ 최대화

제약 조건  $4x + y \leq 72$
$2x + 2y \leq 48$
$x + 3y \leq 48$
$x, y \geq 0$

먼저 **부등식 제약 조건을 등식의 제약 조건으로** 만들기 위해 **보조 변수(슬랙 변수)** $s_1$, $s_2$, $s_3$를 도입합니다.
그러면 다음과 같이 **제약 조건의 식을 모두 등식으로 표현**할 수 있게 되네요.

$$\begin{vmatrix} 목적변수 & 3x_1 + 2x_2 & \to & 최대화 \\ 제약\ 조건 & 4x_1 + x_2 + s_1 = 72, \\ & 2x_1 + 2x_2 + s_2 = 48, \\ & x_1 + 3x_2 + s_3 = 48, \\ & x_1 \geq 0,\ x_2 \geq 0,\ s_1 \geq 0,\ s_2 \geq 0,\ s_3 \geq 0. \end{vmatrix}$$

보조 변수…. 예를 들자면 이런 식이겠네요.
'A 씨의 몸무게는 48kg 이하'라는 표현은 모호하기 때문에 A 씨에게 적절한 짐을 들게 해 'A 씨(짐 포함)의 몸무게는 정확히 48kg'이라고 표현하는 것이죠.

바로 그런 식입니다~!
그렇다면 이러한 등식이 된 제약식을 보고 뭔가 깨달은 것은 없나요?

음, 3개의 1차 방정식이네요. 변수는 $x_1$, $x_2$, $s_1$, $s_2$, $s_3$의 5개….
……아, 이런?! 이건 곤란하네요.
일반적인 연립방정식(P. 37)은, 예를 들어 변수의 수가 2개이면, 식의 수도 2개…여야 하는데. 변수가 식보다 많으면 방정식을 풀 수 없습니다.

그렇죠. 정확히 '변수의 수 > 제약 조건식의 수'의 경우에는 연립방정식을 만족하는 해들이 여러 개 존재합니다. 그래서 **'해의 후보를 순서대로 대입'**하는 독특한 풀이를 하게 되는 것이죠.

아하, 그렇군요. 궁금증이 풀렸습니다.

그럼 이제 **'기저 변수'**를 바꾸면서 해의 후보를 순서대로 대입해 보겠습니다.
기저 변수(基底變數)란 방정식의 해로 유효한 변수를 말하며, 쉽게 말해 **방정식의 해로 0이 되지 않는 변수**를 말합니다.

실제 계산은 다음 페이지에서 소개하겠습니다. 조금 더 설명하면, 예를 들어 쉽게 알 수 있는 해로 $s_1$, $s_2$, $s_3$을 **기저 변수**로 삼는다면, $(x_1, x_2) = (0, 0)$이 **방정식의 해 중 하나**가 됩니다. 다음으로 $s_1$을 기저 변수로 사용하지 않고 $x_1$을 기저 변수로 하는 해를 계산합니다(기저 변수 교체). 이런 식으로 계산을 해 나가는 것입니다.

제2장 선형 계획 문제

제일 먼저, 제약 조건인 연립 1차 방정식의 해 중 하나인

$$(x_1, x_2, s_1, s_2, s_3) = (0, 0, 74, 48, 48)$$

에서 출발해 봅시다. 이때 목적 함수 값은 $f(0, 0) = 0$입니다.
다음으로 $x_1$을 기저 변수($x_1 \neq 0$)로 하여 방정식을 풀면

$$(x_1, x_2, s_1, s_2, s_3) = (18, 0, 0, 12, 30), \quad f(18, 0) = 48$$

이 됩니다. 다음에 $x_2$를 기저 변수 $x_2 \neq 0$으로 하면

$$(x_1, x_2, s_1, s_2, s_3) = (16, 8, 0, 0, 8), \quad f(16, 8) = 64$$

가 되어 최적해에 도달합니다(이미지 그림과 같은 이동).

다행히도 성공적으로 최적해에 도달했습니다! 이 **알고리즘(계산 절차)**은 방금 전의 이미지 그림과 같은 이동(움직임)을 하고 있네요.

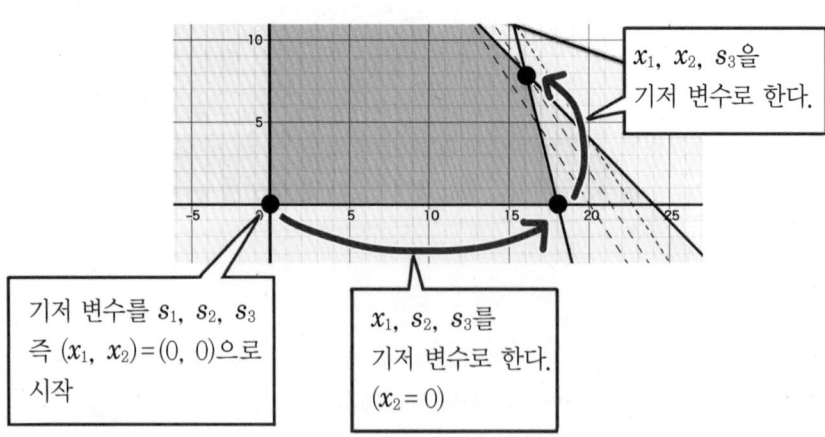

$x_1, x_2, s_3$을 기저 변수로 한다.

기저 변수를 $s_1, s_2, s_3$ 즉 $(x_1, x_2) = (0, 0)$으로 시작

$x_1, s_2, s_3$를 기저 변수로 한다. $(x_2 = 0)$

네! 이 절차를 보면 알 수 있듯이, 단체법은 '**기저 변수를 반복적으로 선택하면서 제약 조건의 연립 1차 방정식을 순차적으로 풀어나가는 방법**'입니다.

**이런 알고리즘을 이해**하면 컴 양… 아니 PC에게 방대한 양의 계산을 부탁하기 쉬워진다는 것입니다.

# 2-3 쌍대 이론

▶▶▶ **쌍대라는 이미지를 이해하자**

자, 오늘은 선형 계획 문제의 **공식화**(문제를 만드는 방법)와 **알고리즘**(문제를 푸는 방법) 등을 배웠죠?

여러 가지를 알려주셔서 감사합니다-!

후-...!

아니 아니 아직 끝인사를 하기엔 일러요!

지금부터 선형 계획 문제에서 중요한 '**쌍대**'라는 것을 소개하겠습니다.

쌍대 (雙對)

그러고 보니… 쌍둥이의 '쌍(雙)' 자네요.

쌍

맞아요!

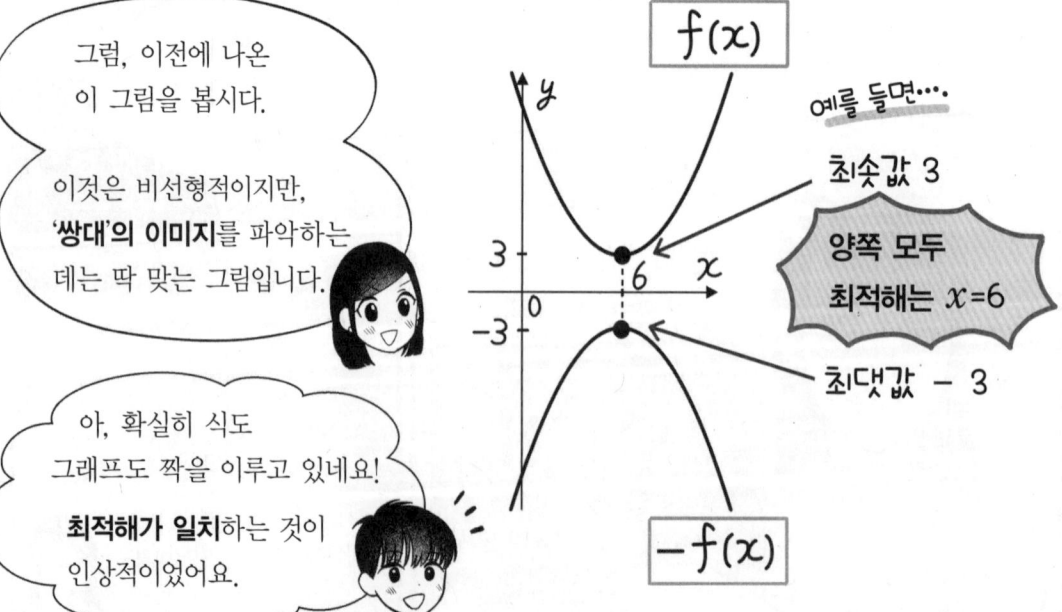

### ▶▶▶ 조미료 문제의 쌍대 문제란? ▶▶▶

자, 본론으로 들어가 보겠습니다.
이것은 **조미료 문제**(P. 66)의 '**주문제**'와 '**쌍대 문제**'입니다.

#### 주문제

목적 함수　$3x_1 + 2x_2$　→　최대화
제약 조건　$4x_1 + x_2 \leq 72,$
　　　　　$2x_1 + 2x_2 \leq 48,$
　　　　　$x_1 + 3x_2 \leq 48,$
　　　　　$x_1 \geq 0, x_2 \geq 0.$

#### 쌍대 문제

목적 함수　$72y_1 + 48y_2 + 48y_3$　→　최소화
제약 조건　$4y_1 + 2y_2 + y_3 \geq 3,$
　　　　　$y_1 + 2y_2 + 3y_3 \geq 2,$
　　　　　$y_1 \geq 0, \ y_2 \geq 0, \ y_3 \geq 0.$

어어? 가장 먼저 눈에 띄는 것은 **쌍대 문제**의 '**최소화**'군요!
**주문제에서는** '**최대화**'였는데요.
그리고 **변수**가 다르네요. **쌍대 문제에서는 변수** $y_1, y_2, y_3$이군요.

그렇죠. 여러 가지가 다르지만, 자세히 보면 같은 수치도 있어요.
다음 페이지의 그림을 보세요.

**선형 계획 문제(LP)의 쌍대 문제를 만들기 위한 절차** 같은 것이 정해져 있고, 그대로 하면 쌍대 문제를 만들 수 있습니다.

아, 그렇군요. 비교해보니 재미있네요.

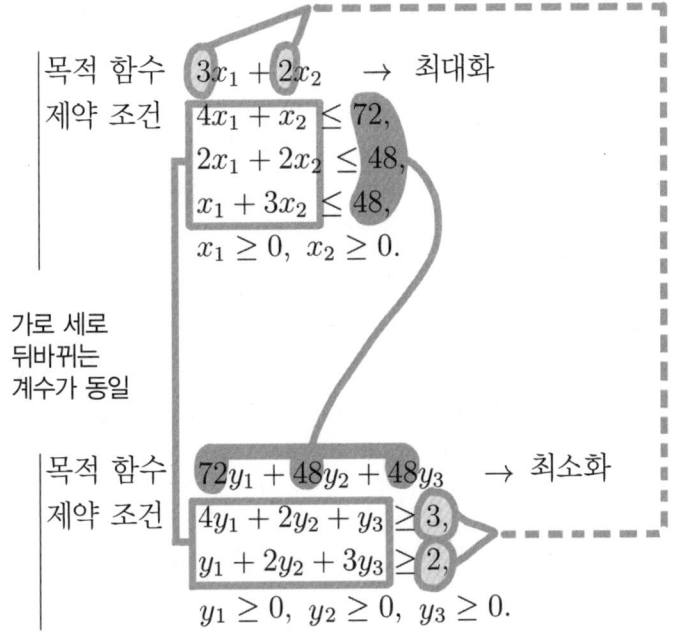

 자, 이제부터 **중요한 정리**를 소개할게요.
주문제의 변수는 $x_1$, $x_2$이고, 쌍대 문제의 변수는 $y_1$, $y_2$, $y_3$이지요.

이제 각 문제에 대한 **실행 가능한 해, 즉 제약 조건을 만족하는 해**를
$(\bar{x}_1, \bar{x}_2)$와 $(\bar{y}_1, \bar{y}_2, \bar{y}_3)$로 표현하기로 합니다.

 음. **정답을 나타내는 기호**라는 뜻이군요.

 그러면 **각각의 목적 함수**를 이용하여, 다음과 같은 식이 성립합니다! 짠~!

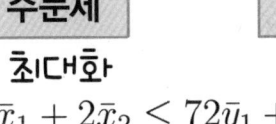

최대화      최소화
$$3\bar{x}_1 + 2\bar{x}_2 \leq 72\bar{y}_1 + 48\bar{y}_2 + 48\bar{y}_3$$
ⓒ ≤ ⓓ

 이 식은 **주문제와 쌍대 문제의 목적 함수간 대소 관계**를 나타내고 있죠?
이 **부등식의 갭(차이)을 쌍대 갭**이라고 하며, 이러한 정리를 '**약쌍대 정리**'라고 합니다.
참고로 **쌍대 갭이 0이면 주문제와 최적 값은 일치**합니다.

우와! 주문제 쪽이 왠지 더 클 것 같았는데, 그건 착각이었군요.
'최대를 구하는 문제'와 '최소를 구하는 문제'라면, 최소를 구하는 문제(목적 함수)가 더 큰 것이 냉정하게 생각하면 당연하네요.

맞아요. 예전에 **'상한과 하한의 관계'**에 대해 말씀드렸죠(P. 83).
'주문제와 쌍대 문제'도 그런 관계에 있습니다.
그리고 **쌍대 문제(주문제)의 목적 함수값이 주문제(쌍대 문제)의 상계(하계)**가 됩니다.
아래 그림과 같이 표현하면 좀 더 이해하기 쉬울 것 같습니다.

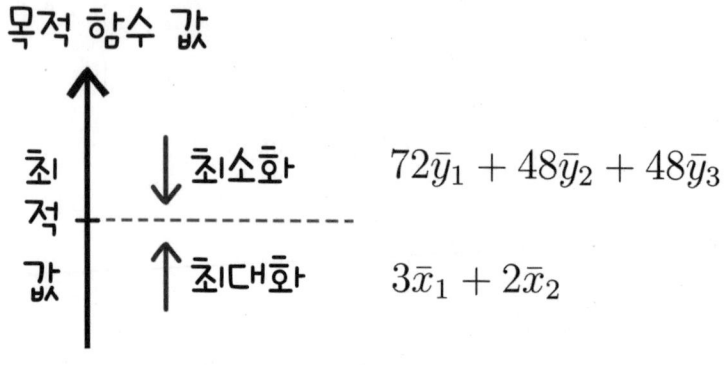

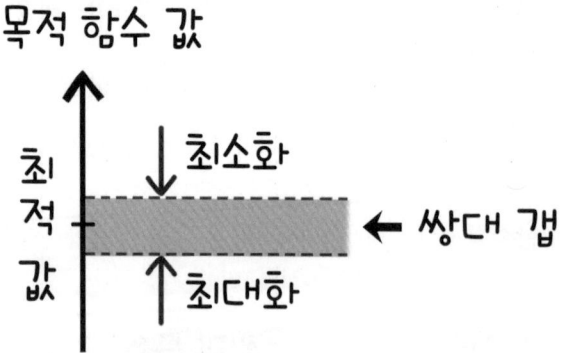

오오. 그런데 아까 '약'쌍대 정리라고 했죠?
그렇다면 약하지 않은 쌍대 정리도 있다는 건가요?

예리하군요, 영태 씨! 그 내용 자체는 이미 말씀드린 바 있습니다.
다음과 같은 정리로 되어 있습니다.

◆ (강)쌍대 정리

주 문제와 쌍대 문제가 모두 실행 가능한 솔루션을 가지고 있으면 두 솔루션 모두 최적 솔루션이 있고 두 문제의 최적 값이 일치한다.

아! 확실히 아까 배웠었네요.
즉, **쌍대 문제를 이용하여 최적해를 얻기** 위해서는 **'주문제에 최적해가 존재한다는 것'** **'쌍대 갭이 0인 것'**이라는 두 가지 조건이 필요하군요.

그렇습니다.
**주문제와 쌍대 문제의 최적해는 서로 유도할 수 있기 때문에**, 선형 계획 문제가 주어졌을 때 **주문제를 풀기 어려운 경우(변수는 많지만 제약 조건이 적은 경우 등)**에는 쌍대 문제를 생각하면 쉽게 풀 수 있습니다.
풀기 쉬운 쪽의 문제를 풀어봅시다~!

---

### column ◆ 재미 있는 문제

이 장에서 배운 생산 최적화 문제처럼 수리 최적화는 비즈니스 세계에서 매우 유용합니다.
하지만 수리 최적화에는 '재미 있는 문제'도 있습니다. 여기에 간단히 소개하겠습니다.

- 최장 끝말잇기[1] ⋯ 사전에 나와 있는 단어를 이용하여 가장 긴 끝말 잇기
- 최장 편도 티켓[2] ⋯ 철도 노선에서 A지역에서 B지역까지 경로가 중간에 중복되지 않는 출발역에서 도착역까지의 거리가 가장 긴 경로

주변에 수리 최적화할 수 있는 문제는 없는지 살펴보세요.

---

[1] 시마노 유우지, 이누이 노부오, 《최장거리 문제 및 그 해법》, 오퍼레이션즈 리서치: 경영의 과학, 50 (3), 175–180, 2005년

[2] 미야시로 타카히라, 카사이 타카야, 《최장 편도 티켓》, 오퍼레이션즈 리서치: 경영의 과학, 49(1), 15–20, 2004년

## 팔로우 업

### 행렬·벡터 기호를 이용한 표현

선형 계획 문제는 행렬과 벡터를 이용하여

$$\begin{vmatrix} 목적\ 함수 & c^\top x & \to & 최대화 \\ 제약\ 조건 & Ax \leq b \\ & x \geq 0. \end{vmatrix} \tag{2.1}$$

으로 표현합니다[4]. 여기에서 $x$, $c$는 $n$차원 벡터, $b$는 $m$차원 벡터, $A$는 $m \times n$ 행렬입니다. 66페이지의 생산 계획 문제(만화 67페이지 왼쪽 아래의 식)는

$$x = \begin{pmatrix} x \\ y \end{pmatrix}, \ A = \begin{pmatrix} 4 & 1 \\ 2 & 2 \\ 1 & 3 \end{pmatrix}, \ b = \begin{pmatrix} 72 \\ 58 \\ 48 \end{pmatrix}, \ c = \begin{pmatrix} 3 \\ 2 \end{pmatrix}$$

이라고 두면, (2.1)의 형태로 표현됩니다.

쌍대 문제도 마찬가지로 행렬·벡터를 이용하여 표현할 수 있습니다. 선형 계획 문제 (2.1)의 쌍대 문제는

$$\begin{vmatrix} 목적\ 함수 & b^\top y & \to & 최소화 \\ 제약\ 조건 & A^\top y \geq c, \\ & y \geq 0 \end{vmatrix} \tag{2.2}$$

이라고 쓸 수 있습니다. 쌍대변수 $y$는 $m$차원 벡터입니다. 또한 쌍대 문제 (2.2)의 쌍대 문제를 작성하면 (2.1)로 되돌아 갑니다. 실제의 문제를 생각할 때, 쌍대 문제의 의미로 해석할 수 있는 경우가 종종 있습니다(연습문제에서 예를 소개합니다).

---

[4] 전치 $^\top$의 정의와 벡터의 내적 $c^\top x$, 행렬 벡터의 곱 $Ax$의 계산 방법은 부록(P. 192)을 참고하기 바랍니다.

## 단체법에 관해서

단체법은 표준형의 등식을 푸는 방법입니다. (2.1)을 풀기 위해서는 부등식 제약 조건을 등식 제약 조건으로 만들기 위해 보조 변수인 **슬랙 변수** $s = (s_1, s_2, \cdots, s_m)^\mathrm{T}$를 도입함으로써 아래와 같이 표준형으로 표현할 수 있습니다.

$$\left| \begin{array}{l} \text{목적 함수} \quad c^\mathrm{T} x \quad \to \text{최대화} \\ \text{제약 조건} \quad Ax + s = b \\ \qquad\qquad\quad x \geq 0, \ s \geq 0. \end{array} \right. \qquad (2.3)$$

단체법 (2.3)의 제약 조건 중에서 연립방정식 해의 후보를 기저 변수로 교체하면 최적해를 구하는 알고리즘이 됩니다. 이 때, 기저 변수를 어느 것과 어느 것을 교체하면 좋은가하는 문제가 있고, 기저 변수를 어떻게 고르는가가 계산의 효율성에 영향을 미칩니다.

기저 변수를 교체하는 규칙을 피봇 규칙이라고 부르며, 피봇 규칙에는

- 최소 계수 규칙(Dantzig의 규칙)
- 최량 개선 규칙(최소 목적 변수의 규칙)
- 최소 첨자 규칙(Bland의 규칙)
- 람다 규칙

등이 있습니다. 예를 들면, 최량 개선 규칙은 이름 그대로 목적 함수의 값이 최소가 되도록 교체를 합니다.

### 보충 설명

#### 단위법은 반복법인가 직접법인가

어떤 선생님으로부터 단체법은 반복법이 아닌가 하는 지적을 받았습니다. 확실히, 반복 계산을 하기 때문에 반복법이라고 부르더라도 위화감은 없고, 논의해야 할 일일지도 모릅니다. 실제로 정점 탐색의 반복 횟수를 반복 계산량이라고도 합니다. 한편, 연립 1차 방정식의 해법으로서 가우스-자이델(Gauss-Seidel) 등의 반복법이 있고, 직접법으로서 가우스의 소거법을 들 수 있습니다. 여기서 단체법을 생각했을 경우, 연립 1차 방정식의 해를 유한해의 탐색을 하는 조작을 가우스 소거법의 아류로 생각할 수 있기 때문에, 이 책에서는 단체법을 직접법으로 간주하고 있습니다.

## 연습문제

> **선형 계획 문제 연습**
>
> 주부 W 씨는 가족에게 영양소 1, 2를 공급하기를 원합니다.
> 요리 A, B의 100g 당 영양소 함유량과 가격은 아래의 표와 같습니다.
>
> |       | 요리 A | 요리 B | 영양소의 필요량 |
> |-------|--------|--------|------------------|
> | 영양소 1 | 1g    | 3g    | 8g              |
> | 영양소 2 | 1g    | 1g    | 6g              |
> | 가격   | 400    | 600    |                  |
>
> [표 2.1] 100g 당 함유량과 영양소의 필요량과 가격
>
> 1. 요리 A의 양을 $x_1$(g), 요리 B의 양을 $x_2$(g)로 하여, 총액을 최소화하기 위한 최적화 문제를 작성하시오.
> 2. 이 최적화 문제의 그래프를 그리고, 최적해와 최적값을 구하시오.
> 3. 쌍대 문제를 작성하고, 최적해를 구하시오.

## 연습문제 해답과 보충 설명

**해답**

1. 이 과제의 최적화 문제는

$$\begin{array}{ll} \text{목적 함수} & 400x_1 + 600x_2 \to \text{최소화} \\ \text{제약 조건} & x_1 + 3x_2 \geq 8, \\ & x_1 + x_2 \geq 6, \\ & x_1, x_2 \geq 0 \end{array} \qquad (2.4)$$

가 됩니다.

2. 최적해는 $(x_1, x_2) = (5, 1)$, 최적값은 2,600입니다.

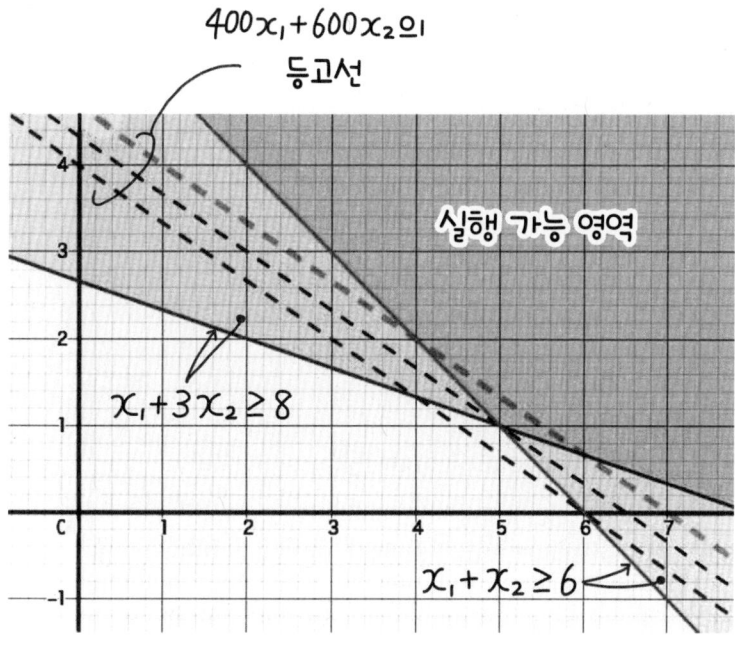

[그림 2.1] 연습문제의 해답

3. 쌍대 문제

$$\begin{vmatrix} \text{목적 함수} & 8y_1 + 6y_2 & \to & \text{최대화} \\ \text{제약 조건} & y_1 + y_2 \leq 400, \\ & 3y_1 + y_2 \leq 600, \\ & y_1, y_2 \geq 0. \end{vmatrix} \quad (2.5)$$

최적해는 $(y_1, y_2) = (100, 300)$입니다.

### 보충 설명

이 문제의 주문제 (2.4)는 (2.2)의 형식을 취하고 있습니다. 따라서 이 문제의 쌍대 문제를 작성하는 경우는 (2.1)의 형식을 따르면 (2.5)가 됩니다. 물론 (2.4)의 목적 함수와 제약 조건에 음수를 곱하면

$$\begin{vmatrix} 목적\ 함수 & -400x_1 - 600x_2 & \rightarrow & 최대화 \\ 제약\ 조건 & -x_1 - 3x_2 \leq -8, \\ & -x_1 - x_2 \leq -6, \\ & x_1, x_2 \geq 0 \end{vmatrix}$$

이 되므로 (2.1)의 형식으로도 표현할 수 있습니다.

여기에서 작성한 쌍대 문제 (2.5)라는 것은 아래 문제의 최적화 문제라고 해석할 수 있습니다.

> 어느 영업사원 S 씨는 주부 W 씨의 요구사항(영양소 1, 2의 수요량)을 알고 있습니다. 여기에서 이익이 최대가 되도록 각 영양소 1, 2의 공급을 위한 단위당 가격($y_1$, $y_2$)을 결정하려고 합니다. 가격이 높을수록 이익은 커지지만, 주부 W 씨가 정한 요리 비용을 웃도는 가격으로 결정하면 팔리지 않습니다. 매출을 최대화 하도록 공급 가격을 결정하는 최적화 문제를 작성하시오.

쌍대 정리에 따라 (어느 한쪽이 최적해를 가지면) '주부의 최소 비용 = 영업사원의 최대 매출'이 됩니다. 이 예와 같이 주문제에 대응하는 쌍대 문제는 현실의 문제로 해석할 수 있는 경우가 많습니다.

# 제3장

## 비선형 계획 문제

# 3-1 비선형 계획의 예

▶▶▶ 3차원 공간의 선형·비선형

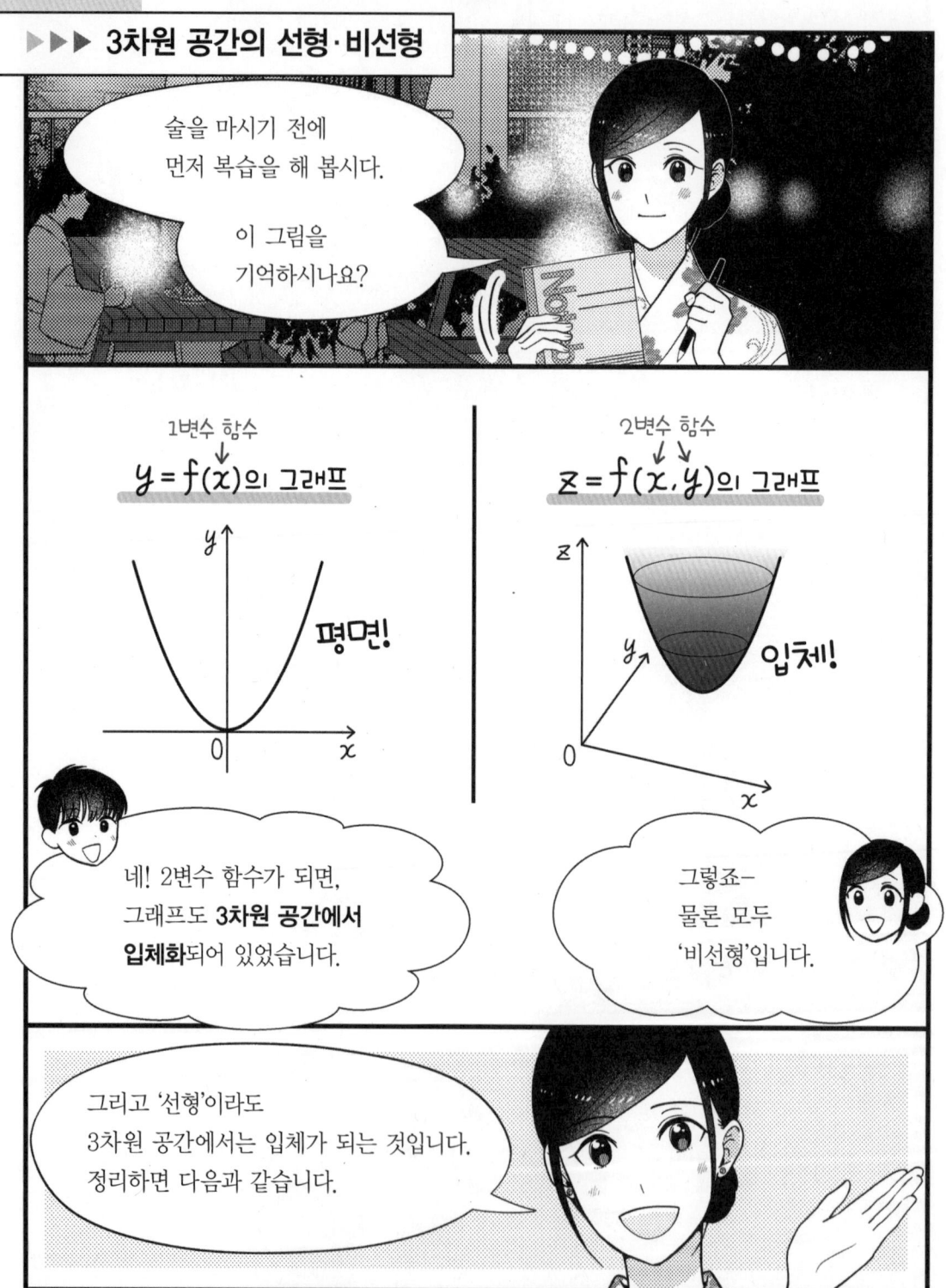

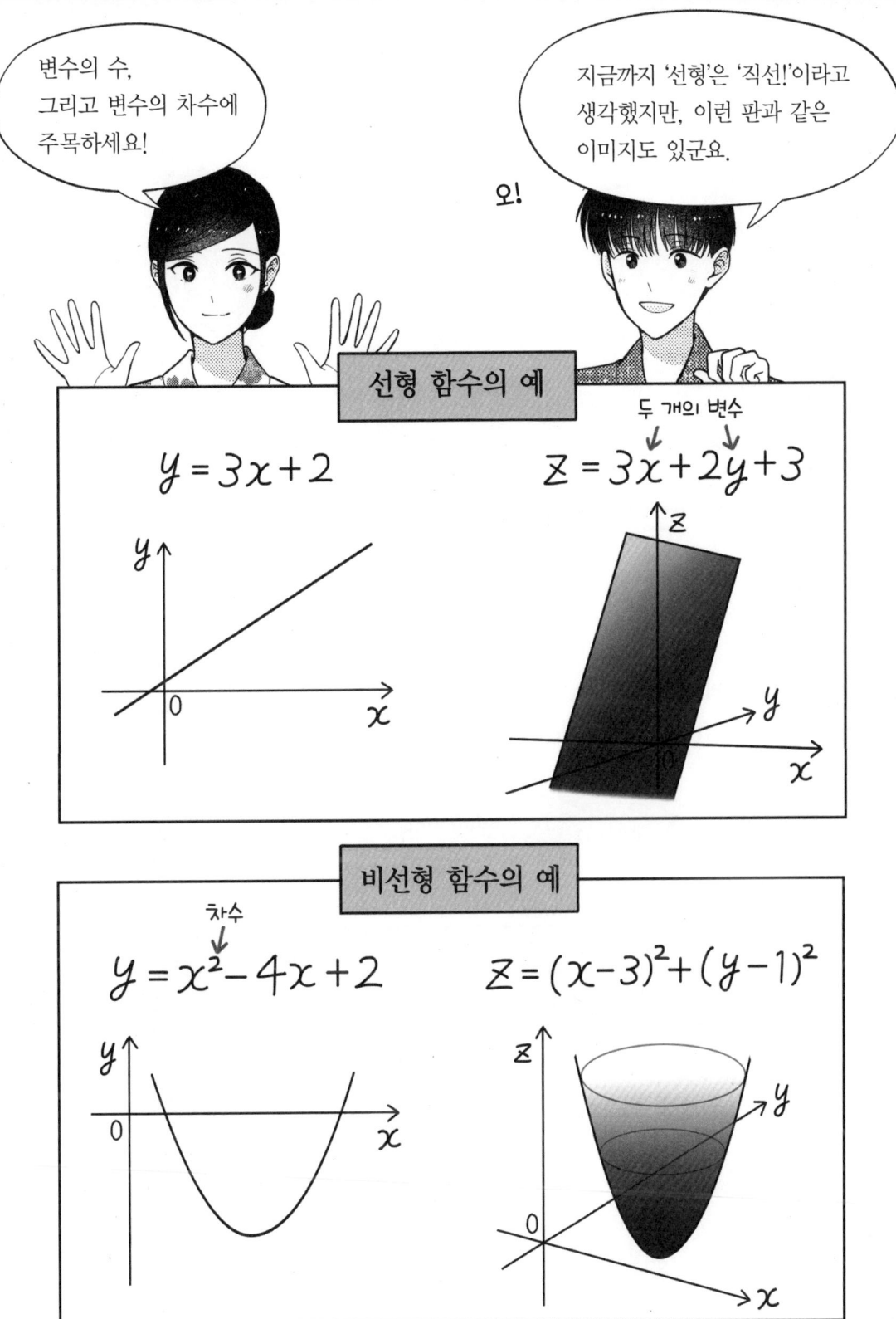

이러한 **'선형·비선형'의 입체 이미지**를 잘 기억해 두기 바랍니다.

### ▶▶▶ 맥주 주문량을 예측해 보자

제3장 비선형 계획 문제 103

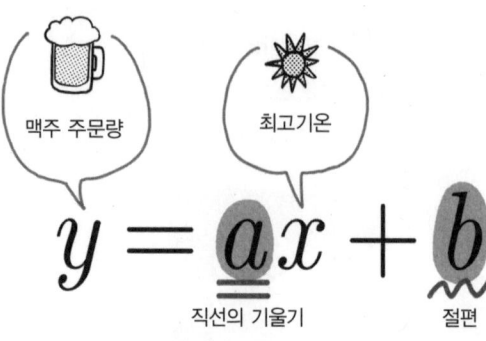

어렵게 생각하지 않아도 돼요.

'최고 기온 $x$'와 '맥주 주문량 $y$'를 이용하여 직선 함수($y=ax+b$)의 식을 만들어 보자! 라고 하는 것입니다.

직선 함수… 즉, 선형이라는 뜻이군요!

자, 여기를 보세요. 하나의 점이 하나의 데이터 (예를 들어, 40℃에서 3.5잔)입니다.

'**기온이 올라갈수록 주문량이 증가**'하기 때문에 전체적으로 이렇게 오른쪽으로 올라가는 점들이 됩니다.

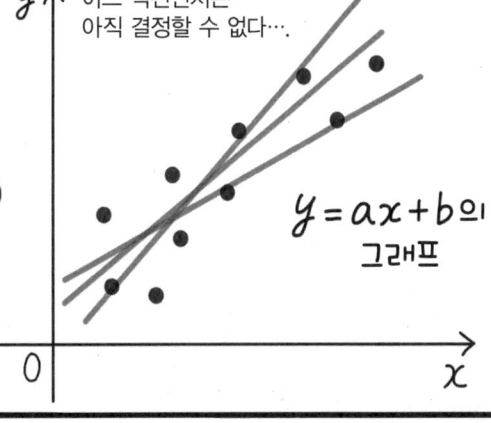

이러한 점들에 가장 가까운 **직선의 그래프(식)**를 생각해보세요.

식의 $a$(기울기)와 $b$(절편)가 결정되면 식이 완성됩니다.

---

음~ 이 직선(1차 함수)은 **실제 데이터에 가장 가까운 값**을 지나는 것이겠군요.

이 식이 완성되면 어떻게 될까요?

후후
식이 완성되면…
**예측**을 할 수 있게 됩니다!

과거의 사례가 없는 기온에서도 예측할 수 있다니 정말 편리하네요-

와! 폭염은 싫지만, 직감에 의존하지 않고 근거에 기반한 예측을 할 수 있다는 것은 대단해요…!

오늘 최고기온이 **45℃**이니 맥주 주문량은 평균 **4.8잔**이 될 것 같네요. 우와

그래도 더워…!!

"그럼, 이제부터 다룰 문제는 다음과 같습니다."

"지금까지 말씀드린 내용을 정리한 것입니다-."

### 선형회귀 <맥주 주문량 예측하기>

(최고 기온 $x$, 1인당 맥주 주문량 $y$)라는 데이터가 $m$쌍 $(x_1, y_1), (x_2, y_2), \cdots, (x_m, y_m)$이 주어졌을 때, $x$와 $y$의 관계식을 근사적※으로 나타내는 함수를 구하고 싶습니다.

예를 들어, $x$와 $y$를 직선 $y=ax+b$로 나타낼 수 있다면, 그 기울기 $a$와 절편 $b$를 어떻게 정하는 것이 좋을까요?

※ 근사란 정확한 값이나 형태를 표현하기 어려울 때 대상의 세부 사항을 무시하고 가까운 값이나 형태로 단순화하는 것을 말합니다.

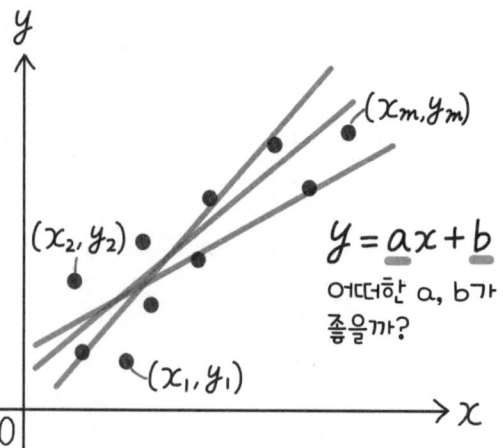

$y = ax+b$
어떠한 $a$, $b$가 좋을까?

▶▶▶ **오차 최소화하기**

"음… 그건 그렇고. 도대체 어떻게 $a$(직선의 기울기)와 $b$(절편)를 정하면 좋을까요…?

데이터인 점들과 **오차가 적은 직선**을 만들고 싶다는 거죠?"

"맞아요! 핵심은 '오차'랍니다."

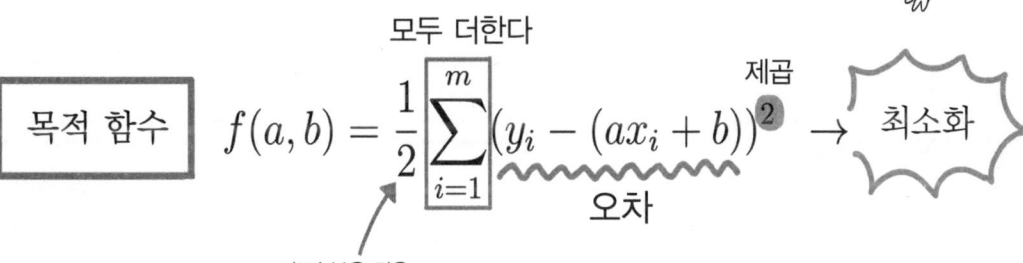

목적 함수
$$f(a,b) = \frac{1}{2}\sum_{i=1}^{m}(y_i - (ax_i + b))^2$$

네, 맞습니다! 아까 목적 함수는 변수의 차수가 2인 **비선형 함수**였죠?

이렇게 목적 함수나 제약 조건식※에 비선형 함수가 있는 최적화 문제를 '**비선형 계획 문제**'라고 하며 NLP라고 줄여서 부르기도 합니다!

NLP… 잘 기억해 둘게요!

엔 엘 피
NLP

※ 제약 조건의 유무에 관해서는 P. 112에서 설명합니다.

그래서 맥주 문제도 이렇게 '오차를 최소화한다'는 생각으로 **비선형 계획 문제**로 취급할 수 있는 것이죠~!

제3장 비선형 계획 문제

### ▶▶▶ 복잡한 형태의 함수라도 예측식을 만들 수 있다 ▶▶▶

 저기요, 조금 궁금한 점이 있는데요….
아까 맥주 문제에서는 '최고 기온과 주문량'이 비례 관계이기 때문에 선형(직선) 함수로 되었죠(P. 105).

하지만 세상의 여러 관계는 비례 관계만 있는 게 아니잖아요.
**더 복잡한 형태의 함수**가 있을 것 같습니다. 그런 경우에는 어떻게 해야 하나요?

 네, 날카로운 질문이군요, 영태 씨!
사실 직선(선형)이 아니라 **어떤 함수라도 상관없습니다.**

선형회귀 외에도 최소제곱법을 사용하여 복잡한 **예측식(예측을 위한 식)**을 만들 수 있어요.

 최소제곱법…. 아, 혹시 아까 맥주 문제에서 실행한 것인가요?
제곱을 하고 최소화했죠?

 맞습니다. **'주어진 데이터'와 '적용할 함수'의 오차 제곱을 최소화하여 함수를 구하는 방법**을 **최소제곱법**이라고 합니다.

 우와! 맥주 문제처럼 '데이터인 점들'과 '적용가능한 함수'와의 **오차**를 잘 정리해서 그것을 **최소화**한다! …라는 것이군요.
어떤 형태의 함수라도 상관없다니, 자유롭고 가능성이 넓어지네요.

▶▶▶ **비선형 계획 문제는 제약 조건이 있기도 하고 없기도 하고** ▶▶▶

저기~ 여전히 '좀 궁금한' 점이 있는데요….
아까 맥주 문제 식에서는 '**목적 함수**'만 있었죠?

\\ 이것뿐! //

목적 함수 $f(a, b) = \dfrac{1}{2}\sum_{i=1}^{m}(y_i - (ax_i + b))^2$ → 최소화

제약 조건 은 없다 ….

변수는 목적 함수에 포함되어 있으니 괜찮지만요.
'**제약 조건**'은 없어도 괜찮은가요?
지금까지는 계속 '**목적 함수, 변수, 제약 조건**'의 3종 세트였는데요(P. 22).

와, 역시 날카로운 질문이네요, 영태 씨! 술에 취할수록 예리해지는 것일까요?
확실히 이것은 중요한 문제이기 때문에 제대로 된 설명이 필요하네요.

사실 **비선형 계획 문제**에는 제약 조건이 있는 것과 없는 두 가지 종류가 있습니다. 제약 조건이 없는 것을 '**무제약 최적화 문제**'라고 하고, 제약 조건이 있는 것을 '**제약 최적화 문제**'라고 합니다.

우리는 이제부터 **제약 조건이 없는 최적화 문제**에 대해서 배울 것입니다.

┌─── 비선형 계획 문제 ───┐

| 무제약 최적화 문제 | 제약 최적화 문제 |
|---|---|
| 제약 조건이 없다! | 제약 조건이 있다. |

이것을 배웁니다.

112  만화로 쉽게 배우는 수리 최적화

지금부터 배울 '무제약 최적화 문제'의 **목적 함수**는 아래와 같습니다.

| 목적 함수 $f(x)$ → 최소화 또는 최대화

> $x$는 변수 벡터이므로
> 굵은 글씨로 표시되어 있습니다.

 잘 기억해 두셨으면 좋겠는데요, $x$가 굵은 글씨로 되어 있는 것은 '**변수 벡터**(P. 72)'이기 때문입니다.
변수의 수가 많으면 다루기 힘들기 때문에 **하나로 묶어서 표현**하는 것이죠.
맥주 문제에서는 $(a, b)$이므로 2개만 있었지만, $(x, y, z, w, v, u \cdots)$ 등 다량의 변수가 나오면 쓰는 것도 번거로우니까요~.

 오호~. 목적 함수만으로 괜찮다니, 왠지 좀 편하고 수지 맞은 기분이네요….
아, 그렇죠!
예전에 최적화 문제에는 몇 가지 종류가 있고, **각각의 문제마다 '공식화, 알고리즘'**이 있다…라는 이야기를 했었죠(P. 29).

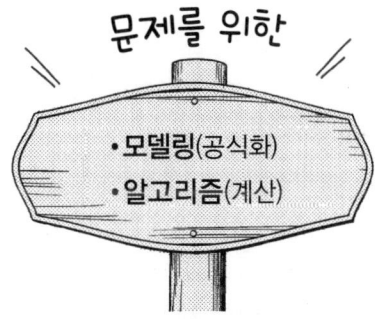

즉 이 식이 '**무제약 최적화 문제(비선형 계획 문제)**'의 **공식화**를 표현한 것이군요.

 네, 그렇습니다!
목적 함수가 **선형**인 경우 제약 조건이 없으면 얼마든지 크고·작게 만들 수 있습니다.
이제부터 '**무제약 최적화 문제**'라는 말을 들으면 '**비선형**인가 보구나~'라고 생각하시면 됩니다.

자, 공식화를 알았다면, 이제 **해법**이 궁금해지겠죠~?
**최적해를 구하는 방법**에 대해 차근차근 배워보겠습니다!

# 3-2 최적성 조건

▶▶▶ **전역 최적해와 국소 최적해**

사실 '**비선형 계획 문제**'의 최적해는 다음과 같이 **두 가지**가 있습니다. **전역 최적해**와 **국소 최적해**입니다.

**전역 최적해**
　… 전체에서 가장 최적인 해

**국소 최적해**
　… 그 주변에서 가장 최적인 해

음, '**전역**'은 전체…. **넓은 모든 범위**라는 뜻이군요. '**국소**'는 그 주변…. **좁은 한정된 범위**인가?

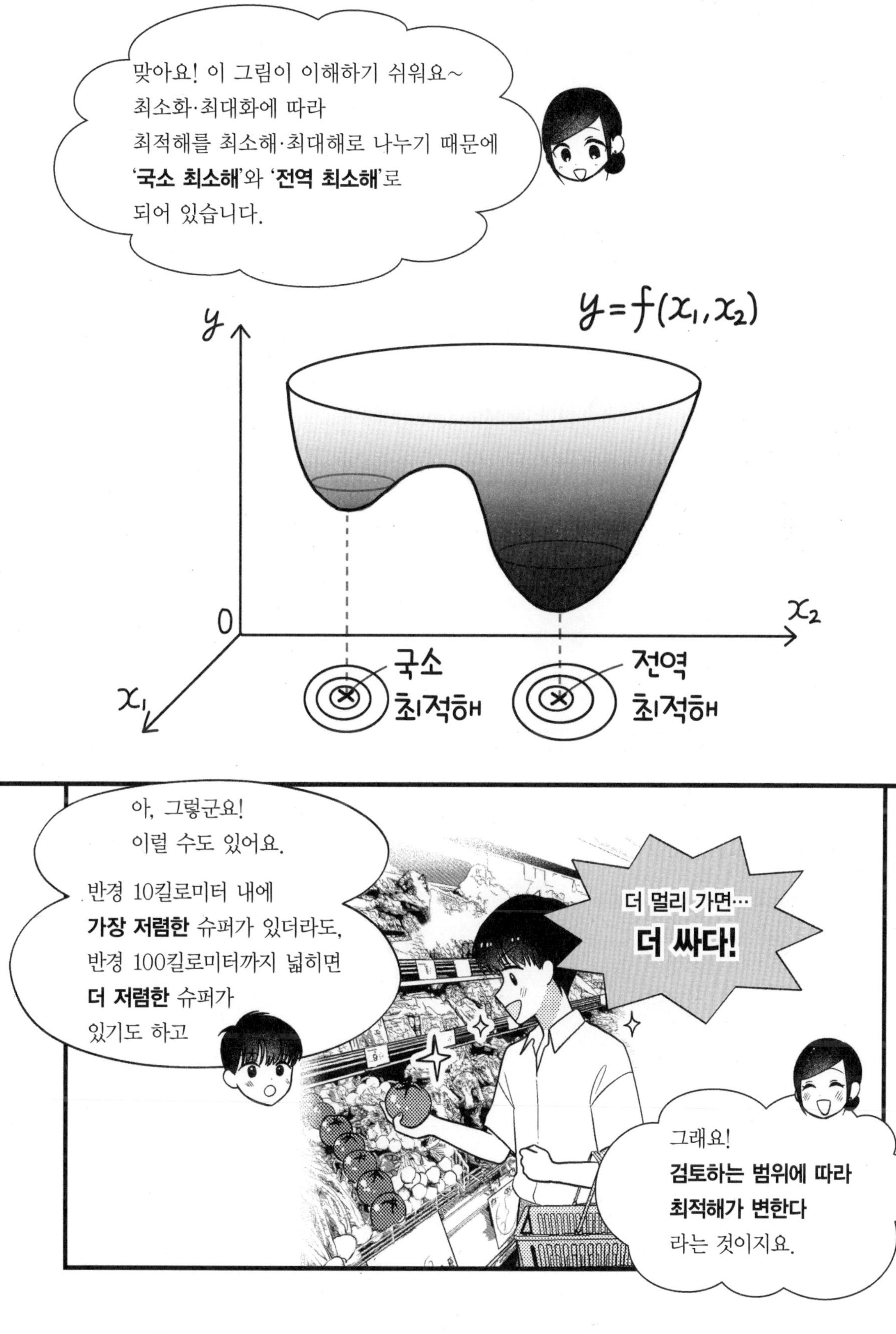

맞아요! 이 그림이 이해하기 쉬워요~
최소화·최대화에 따라
최적해를 최소해·최대해로 나누기 때문에
**'국소 최소해'**와 **'전역 최소해'**로
되어 있습니다.

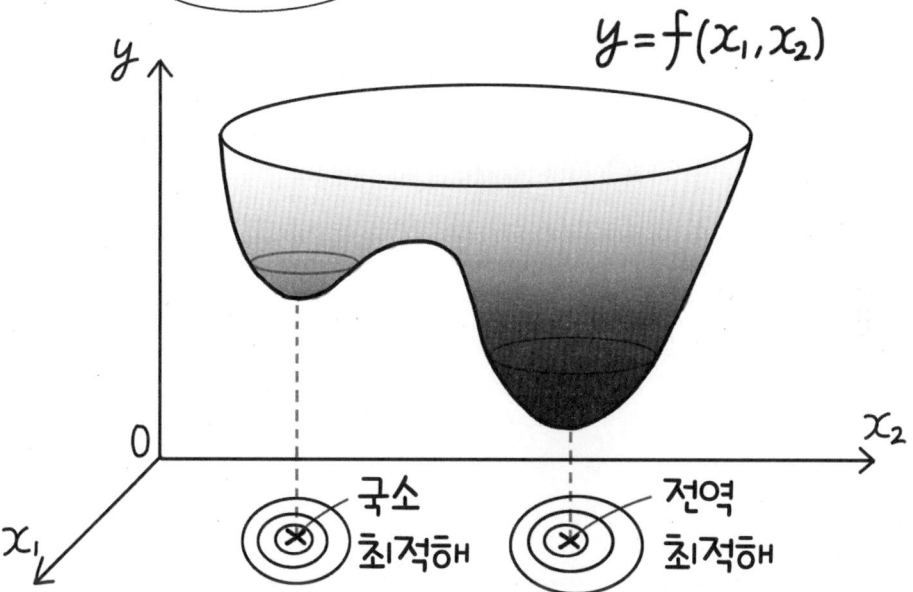

아, 그렇군요!
이럴 수도 있어요.

반경 10킬로미터 내에
**가장 저렴한** 슈퍼가 있더라도,
반경 100킬로미터까지 넓히면
**더 저렴한** 슈퍼가
있기도 하고

더 멀리 가면…
**더 싸다!**

그래요!
**검토하는 범위에 따라
최적해가 변한다**
라는 것이지요.

### ▶▶▶ 우선 정류점을 찾자

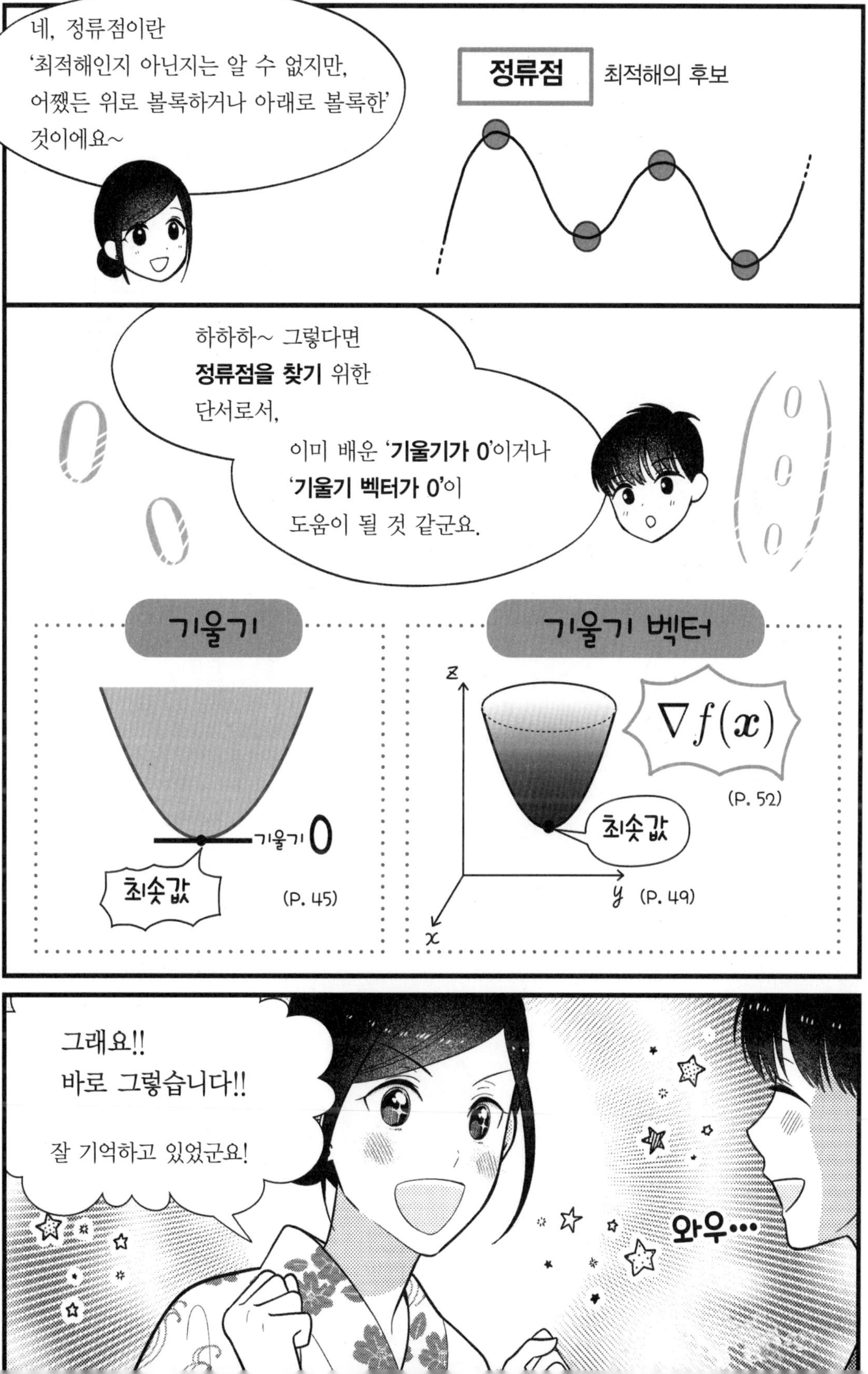

그런 까닭에 **정류점을 구하는 방법**에 관해서는 나중에 자세히 알아보도록 하겠습니다!

또한, 여기까지 중요한 용어가 여러가지 나왔습니다. **'정류점', '국소 최소해', '전역 최소해'**의 세 가지 이미지의 차이를 다음의 그림으로 정리해 보았습니다.

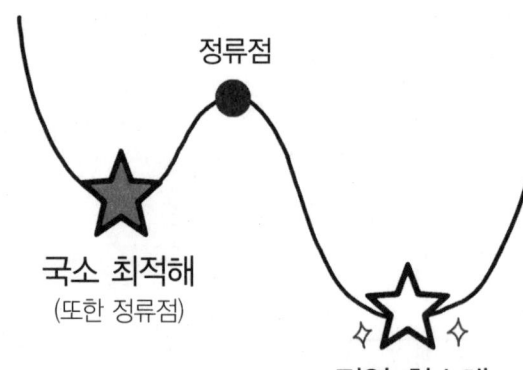

정류점

국소 최적해
(또한 정류점)

전역 최소해
(또한 국소 최적해)
(또한 정류점)

호오, 그렇군요….
**정류점은 여러 개가 있지만, 전역 최소해는 하나뿐이다!**
라는 뜻이군요.

### ▶▶▶ 정류점을 찾는 방법 ▶▶▶

 그럼 이제부터 **최적해의 후보**인 '**정류점**'을 찾는 방법에 대해 알아볼게요.

아래 그림과 같이 1변수일 때는 **평면**, 2변수일 때는 **입체** 그래프가 되겠죠. 이것은 아-주 큰 차이입니다.

 그렇군요. 평면일 때와 입체일 때 '**기울기**'가 중요했습니다(P. 54).

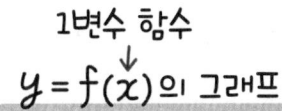
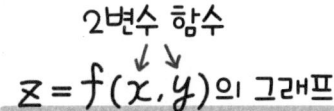

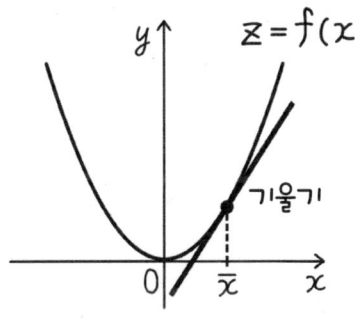
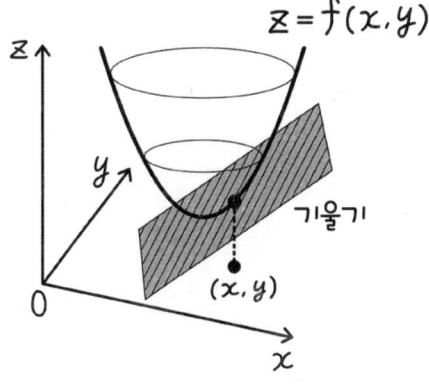

 그래요! 그거예요.
그럼 먼저 '**1변수 함수의 무제약 최적화 문제**'에 대해서.
그 다음에는 '**2변수 함수(또는 그 이상의 다변수)의 무제약 최적화 문제**'에 대한 **정류점을 구하는 방법**을 소개해 드릴게요.

### 1변수 함수의 무제약 최적화 문제

 자, 1변수 함수의 무제약 최적화 문제라면…
정류점을 구하는 방법은 '고등학교 수학에서 배운 **극한 문제 그대로**'입니다.

 **극한값**이라고요? 확실히 고등학교 수학에서 배운 것 같습니다.
**위로 볼록한 모양**과 **아래로 볼록한 모양**의 꼭지점을 말하는 거죠?

그렇습니다. 예를 들어 $f(x)=x^3-3x$라는 식을 생각해 봅시다.

아래 그림과 같이 미분하여 **증감표와 그래프**를 작성해 봅시다.
**1차 미분이 0인 점은 기울기가 0**이라는 뜻으로 **극한값**이 됩니다.
또한, **2차 미분이 음수이면 극대, 양수이면 극소**라고 배웠을 것입니다.
이 극대, 극소가 바로 '**정류점**'인 것입니다.

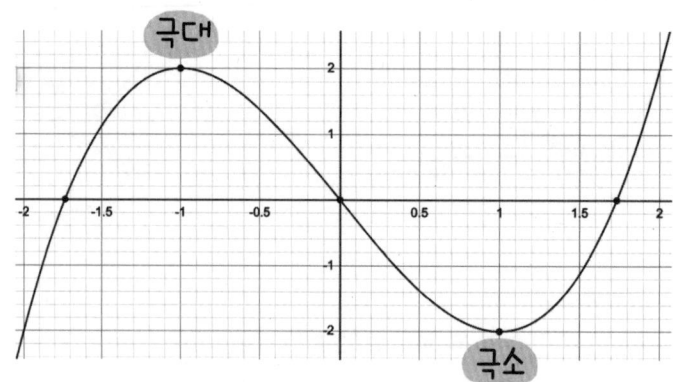

| $x$ | ... | -1 | ... | 0 | ... | 1 | ... |
|---|---|---|---|---|---|---|---|
| $f'(x)$ | + | 0 | - | - | - | 0 | + |
| $f''(x)$ | - | - | - | 0 | + | + | + |
| $f(x)$ | ↗ | 2 | ↘ | 0 | ↘ | -2 | ↗ |

$f(x)$의 증감표

$f(x) = x^3 - 3x$의 그래프

 음.
깜빡 잊고 있었습니다만, 확실히 생각이 났습니다.
기울기 0을 단서로 삼아 **극대·극소**(정류점)를 찾았군요.

## 2변수 함수(또한 그 이상의 다변수)

 그럼 다음으로 진행합시다. 2변수 함수의 무제약 최적화 문제인 경우, 정류점을 구하기 위해 '**기울기 벡터가 0**'이라는 것을 단서로 삼을 수 있습니다.
정리하면 아래와 같습니다. 0(제로) 벡터는 굵은 글씨로 **0**으로 표시합니다.

> ◆ **1차 최적성 조건(1차 필요조건)**
>
> $x^*$가 무제약 최적화 문제의 국소 최적해라면
>
> $$\nabla f(x^*) = 0$$
>
> 이 성립합니다. 이것을 1차 필요조건이라고 부릅니다. 또한 이 식을 만족하는 점 $x^*$를 함수 $f(x)$의 **정류점**이라고 합니다.

**기울기 벡터가 0이라면, 그 때의 x가 최적해의 후보(정류점)가 된다**는 것입니다.
'**최적성 조건**'은 말 그대로 '최적해가 될 수 있는 조건'이라고 할 수 있어요.

 참고로… '**1차 최적성 조건**(1차 미분의 정보(기울기)를 사용한 조건)'의 '1차'는 $x$의 차수 등이 아니라 '**1차 심사**'와 같은 의미라고 생각하시면 됩니다.
필요조건이므로 최적해라면 성립하는 조건인 '**최적해 → 정류점**'입니다. 반대로 정류점이라고 해서 최적해가 되는 것은 아니므로, 정류점은 어디까지나 해의 후보라고 생각하기 바랍니다. 여기에서는 설명하지 않지만, 2회 미분의 정보(헤세 행렬)를 이용한 더 강력한 조건인 '2차 최적성 조건' 등도 있습니다.

 그렇군요. 아무튼 입체적으로 위로 볼록한 모양(또는 아래로 볼록)에서 기울기 벡터가 0이 되는 정점(또는 아래로 볼록의 꼭지점)이 '**국소 최적해**'이고, '**정류점**'이라는 것이군요.

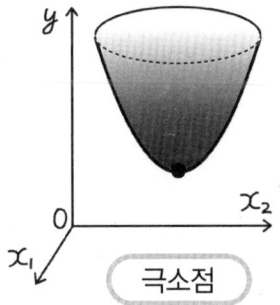
극소점

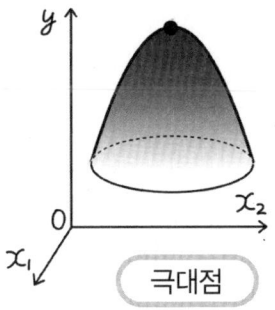
극대점

제3장 비선형 계획 문제 121

그렇습니다.
하지만 여기에서 '**입체 특유의 복잡함**'에 대해서도 설명해 드리겠습니다.
지금 영태 씨처럼 입체적으로 아름다운 산모양이나 아래로 볼록한 형태를 상상하고 있다면 '**정류점**' = '**국소 최적해(극소점·극대점)**'인데….

하지만 실제로는 **정류점이지만 국소 최적해(극소점·극대점)라고 생각하지 않는 편이 좋을 것 같은** 복잡한 경우도 있습니다.

 ??? 그, 그런가요? 왠지 모르게 애매모호한 존재네요….

 보세요. 이곳은 '**안장점**'이라는 점입니다.
이 점은 어느 방향에서 보면 **극소점**, 다른 방향에서 보면 **극대점**이 됩니다.

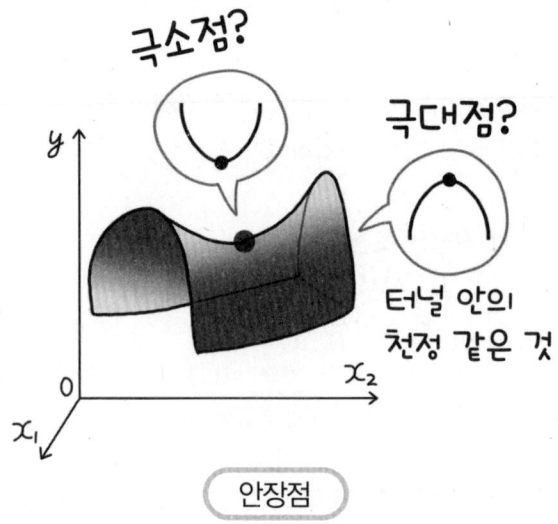

안장점

 그, 그렇군요.
뭔가 엄청나게 혼란스러운 것 같네요…. 으으….

 그렇죠~.
다루기 어렵긴 하지만, 우선 **이런 경우도 있다**는 것을 확실히 기억해 두세요.
참고로 '안장점'이라는 이름의 유래는 말의 등에 얹는 안장과 모양이 비슷하다고 해서 붙여진 이름입니다.

# ▶▶▶ 볼록(凸) 집합과 볼록(凸) 함수

그런데 정류점을 찾았다고 하더라도 그것이 '**전역 최적해**'인지 여부를 확인하는 것은 매우 어려운 일이지요···

확실히
입체가 복잡한 형태라면
더더욱···
혼란스러울 것 같네요···.

입체적인 별   테트라포트

그래서 여기서는
**수리 최적화로 다루기 쉬운 성질**을
가진 것을 소개합니다.

**볼록(凸) 집합**과
**볼록(凸) 함수**입니다!

볼록인가요??
음··· 凸는 볼록하게 튀어 나왔고
凹는 오목하게 들어간 느낌이지요?

이렇게···

凸凹

제3장 비선형 계획 문제  123

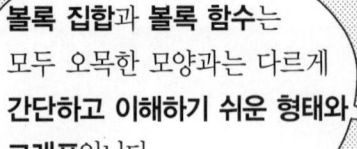

**볼록 함수**··· 변수 범위 내에서 임의로 두 점을 선택하여, 그 점에서의 함수를 직선으로 연결하면 내분점에서의 함수값보다 커지는 함수

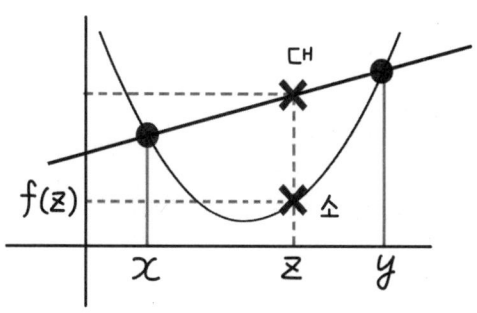

임의의 두 점을 연결할 때, 그 사이의 직선보다 가 작다.

아래 그림으로 말하면 '짙은 회색의 직선'과 '밝은 회색의 곡선'을 비교하는 것이죠.

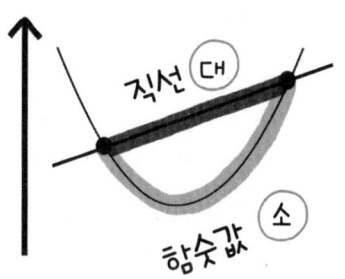

이 볼록 함수도 모양이 단순하고 오목한 부분이 없죠?

함수가 볼록 함수라면 최소화 문제를 생각했을 때 국소적 최소해가 전역적 최소해와 일치하여 정류점이 **전역 최소해**가 된다! 라는 반가운 성질이 있습니다!

이 위치는 편안해서 좋아 ♪

**전역 최소해**
(국소 최소해)
(정류점)

오! 이건 이해하기 쉬워서 좋네요!

제3장 비선형 계획 문제

그런 까닭에 자주 볼 수 있는 이런 단순한 형태의 영역이나 그래프는 바로 **볼록 집합**이나 **볼록 함수**입니다.

▼ 단위원의 영역은 **볼록 집합**!

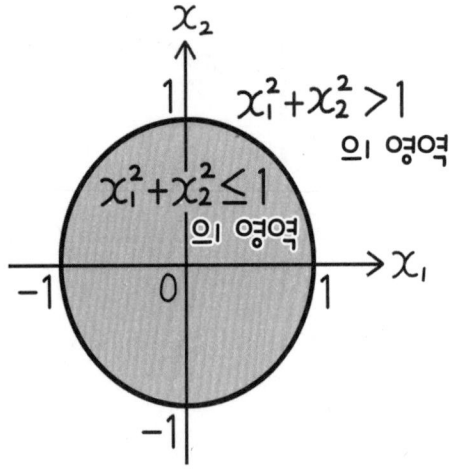

※ 단위원이란 반지름이 1인 원을 말합니다.

▼ 2차함수는 **볼록 함수**!

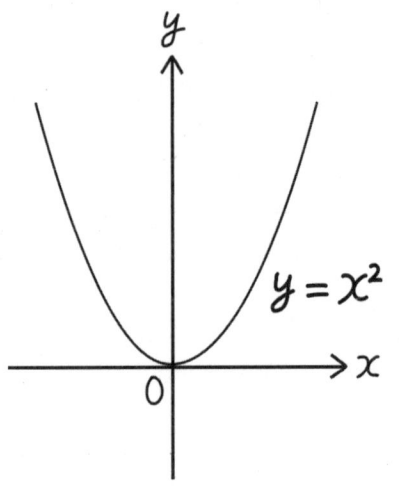

이런 다루기 쉬운 형태부터 익숙해지는 것을 추천합니다~!

다루기 쉬운 형태라면, '**전역 최적해**'의 확인도 비교적 간단!하다는 것이군요.

## 3-3 반복법

▶▶▶ 해의 갱신

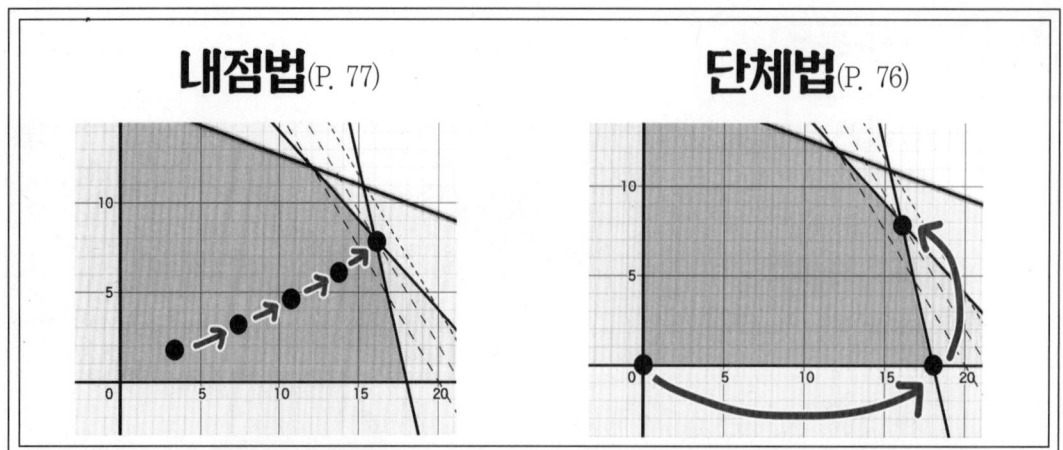

아, 실행 가능 영역에 있는 **내점 또는 끝점을 이동하며 최적해**를 탐색하는 그림이군요.

맞습니다!
오히려 술에 취한 상태일 때 더 잘하는 것 같은데!!?

뭐, 확실히 기억하고 있다면 이야기는 빠르겠네요.
사실… 이런 이미지를 '**해의 갱신**'이라고 합니다!

최적해에 도달할 때까지, 잠정적인 해(우선적인 해)를 계속 갱신한다 라는 것입니다.

해의 갱신

우선적인 해 → 우선적인 해 → 우선적인 해 → **최적해**

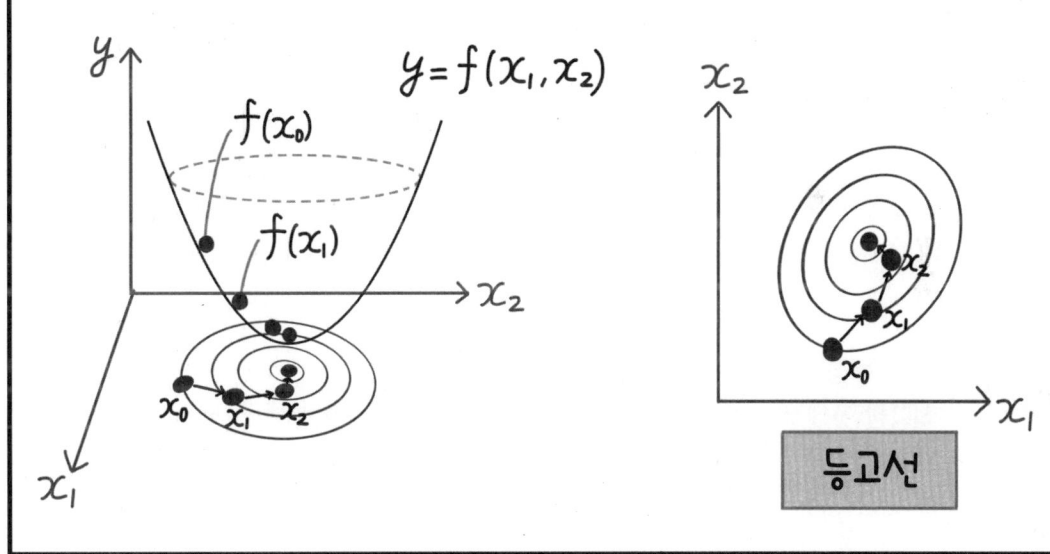

### ▶▶▶ 직접법과 반복법 ▶▶▶

 자, 그럼. 최적화 문제를 풀기 위한 계산 방법은 두 가지가 있습니다.
탐색(해의 갱신) 절차가 다르죠~.

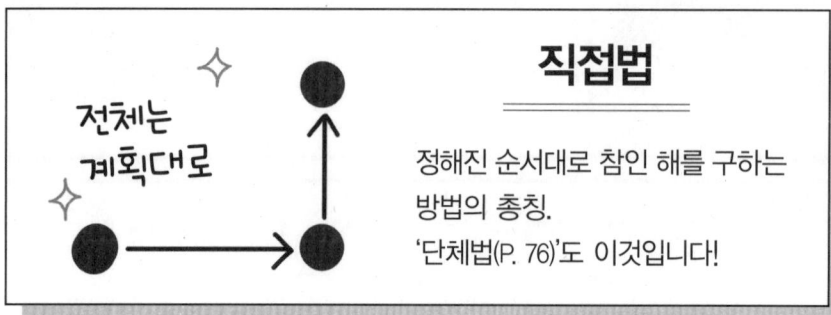

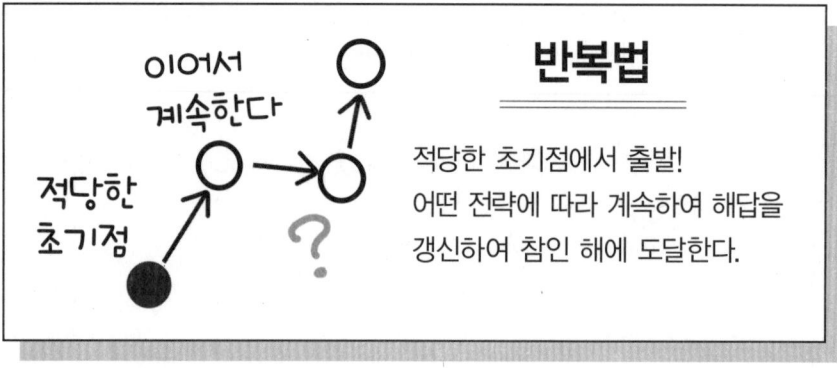

 어~! '**예정대로, 한정된 횟수의 순서대로 실행하는가**'와
'**적당한 곳에서 출발하여 반복을 계속하는가**'의 차이인 거군요.

 네.
그리고 지금부터 우리는 '**반복법**'을 배울 것입니다!

참고로, 배가 부른 것은 만복이고요.
전혀! 관계가 없어요!

 혜자 씨, 무알콜인데도 취했나요!??

### ▶▶▶ 반복법의 갱신식 ▶▶▶

뜬금 없긴 하지만, 상상해 봅시다.
**어떤 지점에서 다음 새로운 지점**으로
나아갈 때….
중요한 것은 '**길이(거리)**'와
'**방향**'이겠죠?

그건 당연하죠!
아, 혹시 '**해의 갱신**'에서도
이 두 가지가 중요한가요?

맞아요~ 영태 씨!
그럼 여기서 중요한 공식을 보여드리겠습니다.
**반복법의 갱신식**… 즉, '**반복해서 해답을 갱신해 나가는 식**'입니다!

---

◆ **반복식의 갱신식**

$$x_{k+1} = x_k + \alpha_k d_k$$

새로운 점 = 현재 점 + 길이 조정 × 방향

---

와, 의미는 비교적 알기 쉬운…것 같네요!
$k$는 **횟수**로 되어 있군요.

맞습니다. **굵은 글씨**인 $x$와 $d$의 의미도 혹시 모르니 확인해 둘게요.

그리고 $x_k$를 $k$번째 반복한 **근사해(잠정해)**, $a_k$는 길이를 조절하는 **스텝 폭**, $d_k$는 **탐색 방향**이라고 부릅니다.
이 '탐색 방향'과 '스텝 폭'에 대해 앞으로 자세히 말씀드리겠습니다.

자, 자, 바로 시작하겠습니다. **탐색 방향**은 **하강 방향**이 더 편리합니다.
하강 방향이란 **함숫값이 내려가는 방향, 등고선이 내려가는 방향**이라는 뜻입니다.

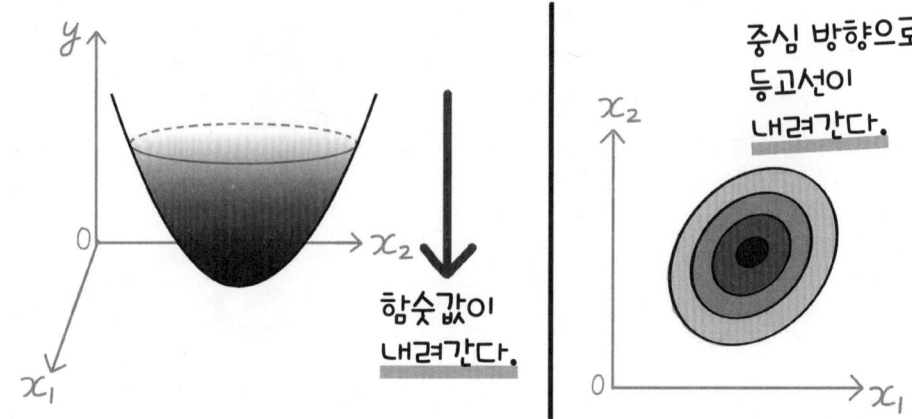

 등고선으로 말하면 색이 진한 가운데 쪽이군요. 깊어 보이네요….

 네. 하강 방향이면 **스텝폭** $a_k$가 결정됩니다.
$d_k$(방향)에 곱하는 '$a_k$ 값의 크기'에 따라 **길이(거리)를 조절**할 수 있습니다.

 음, 요컨대 $a_k$의 값에 따라 화살표의 길이가 길어지기도 하고 짧아지기도 한다…라는 것이군요.

 네. 그리고 여기서 주의할 점이 있습니다!
오른쪽 그림을 보세요.

$a_k$를 너무 크게 잡으면 아래로 볼록한 방향으로
제대로 **하강하지 않고 또 나오는** 느낌이죠?
함수값도 별로 작아지지 않았습니다.

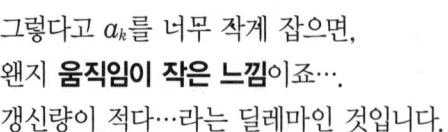

그렇다고 $a_k$를 너무 작게 잡으면,
왠지 **움직임이 작은 느낌**이죠….
갱신량이 적다…라는 딜레마인 것입니다.

 아~. 적당한 길이로 '한 걸음 한 걸음 스텝을 밟아' 해를 갱신하고 싶은 것이군요.
확실히 스텝 폭에 주의가 필요하군요…!

### ▶▶▶ 전역 수렴성과 국소 수렴성 ◀◀◀

앞에서
'**반복법**은 **스텝 폭**과 **탐색 방향**이 원하는 조건을 만족하면 **정류점에 수렴**한다'고 말씀드렸죠?

네. 수렴은 '해결되다, 안정되다'라는 뜻이군요.

네, 맞습니다.
이 **수렴하는 성질**을 비선형 계획법에서는 '**전역 수렴성**'과 '**지역 수렴성**' 두 가지로 분류합니다.

말 그대로 '**넓은 범위에서의 수렴성**'과 '**좁은 범위(해 근처)에서의 수렴성**'에 관한 것입니다.

그럼 함께 차례대로 설명해 보겠습니다.
먼저 '**전역 수렴성**'입니다.

> **전역 수렴성**
> 어느 초기점 에서 출발하더라도 유한 횟수의 반복으로 정류점에 도달하거나, 또는 무한히 반복하면 정류점에 수렴한다.

음, 산의 어느 지점에서 출발하더라도 몇 번이고 반복해서 진행하면 목적지인 정상에 도착할 수 있다…는 것이군요.

그렇죠! 자, 다음은 '**국소 수렴성**'입니다~.

> **국소 수렴성**
> 해와 매우 가까운 곳에서 반복을 시작했을 때 해에 도달한다(반복 횟수가 적음).

정상 바로 근처에서 출발하면 반복 횟수가 적어진다…는 뜻이군요.
둘 다 직관적으로 이해하기 쉽군요!

### ▶▶▶ 탐색 방향을 고르는 방법 ◀◀◀

자, 이제 **탐색 방향의 선택 방법**에 대해 이야기해 보겠습니다.
탐색 방향은 식에서는 $d_k$로 되어 있었죠?

---
◆ **반복식의 갱신식**

$$x_{k+1} = x_k + \alpha_k d_k$$

새로운 점 = 현재 점 + 길이 조정 × 방향

---

아, 확실히 **탐색 방향**이 중요한 것 같네요.
산을 오를 때도 방향을 잘못 잡으면 조난당할 수도 있고….

그렇죠, 아주 중요하죠~!
음, NLP(비선형 계획 문제)에서는 최대화보다는 최소화 쪽이 더 일반적이므로, 여기서는 좀 더 편한 '**하강**'**의 방향**으로 이야기하겠습니다.
**골짜기 바닥을 목표로 해 봅시다.**

그렇게 하면, 탐색 방향의 선택 방법으로는 **경사 하강법**, **뉴턴법** 등이 있습니다.

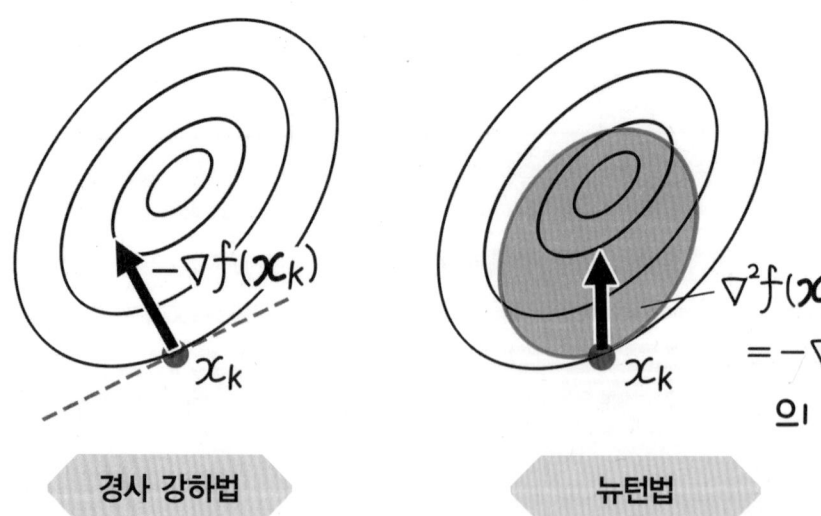

**경사 강하법**

**뉴턴법**
헤세 행렬을 이용하여
곡률을 계산

**경사하강법**의 탐색 방향은 에서의 1회 미분 정보인 **기울기** $\nabla f(x_k)$ 자체(의 역방향)를 이용합니다.

반면 **뉴턴법**은 **기울기** $\nabla f(x_k)$에 추가로 2회 미분한 정보인 **헤세 행렬** $\nabla^2 f(x_k)$를 이용하여 탐색 방향을 정합니다.

아, 헤세 행렬은 이전에 나온 적이 있었네요(P. 55).

네. 경사하강법은 계산이 간단한 만큼 **수렴이 느리지만**, 스텝폭 $a_k$를 잘 선택하면 **전역 수렴성이 보장됩니다**.

반대로 뉴턴법은 국소적으로 **수렴은 빠르지만 전역 수렴성은 보장되지 않습니다**.

음.
뭔가 일장일단이 있는 것 같네요.

네, 그렇습니다. 하지만 더 편리한 방법도 있습니다.
뉴턴법을 개량한 **준뉴턴법**이라는 것이 개발되었어요.
현재 다양한 소프트웨어에 내장되어 있는 것은 개선된 준뉴턴법이 주류를 이루고 있어요.

# 팔로우 업

## 최적성 조건

무제약 최적화 문제와 제약 최적화 문제로는 2가지 종류가 있습니다.

**무제약 최적화 문제**

$$\text{목적 함수 } f(x) \to \text{최소화} \tag{3.1}$$

**제약 최적화 문제**

$$\begin{array}{ll} \text{목적 함수 } f(\boldsymbol{x}) \to & \text{최소화} \\ \text{제약 조건 } g_i(\boldsymbol{x}) \leq 0, & i = 1, \ldots, m \\ h_j(\boldsymbol{x}) = 0, & j = 1, \ldots, \ell. \end{array} \quad \text{또는} \quad \begin{array}{l} f(\boldsymbol{x}) \to \text{최소화} \\ \boldsymbol{g}(\boldsymbol{x}) \leq \boldsymbol{0} \\ \boldsymbol{h}(\boldsymbol{x}) = \boldsymbol{0} \end{array} \tag{3.2}$$

제약 최적화 문제의 오른쪽은 부등식 제약 조건과 등식 제약 조건을 벡터로 표기한 것입니다. 여기에서 함수 $f$, $g$, $h$ 중에 비선형 함수를 포함한 것을 비선형 계획 문제라고 합니다. 한편, 모든 함수가 선형함수인 경우는 앞 장의 선형 계획 문제입니다. 여기에서 (1.1)과 같이 실행 가능 영역의 집합 $S$를 정의합니다.

- 무제약 최적화 문제의 경우:

$$\mathcal{S} = \mathbb{R}^n$$

- 제약 최적화 문제의 경우:

$$\mathcal{S} = \{\boldsymbol{x} \in \mathbb{R}^n \mid \boldsymbol{g}(\boldsymbol{x}) \leq \boldsymbol{0},\ \boldsymbol{h}(\boldsymbol{x}) = \boldsymbol{0}\}$$

여기에서 $\mathbb{R}^n$은 $n$차원의 실수 공간(개인 전체 변수가 실수)을 나타냅니다. 무제약 최적화 문제는 실수 전체를 다루고, 제약 최적화 문제는 실수 중에서 부등식 제약 조건과 등식 제약 조건을 만족하는 영역을 고려합니다. 실행 가능 영역 $S$를 이용하여

- **전역 최적해** … 제약 조건을 만족하는 해 중에서 최적인 해
- **국소 최적해** … 제약 조건을 만족하는 해 중에서 특정 지점에서 최적인 해

를 수학적으로 정의합니다.

**정의 3.1.** 최적화 문제 (1.1)을 고려한다. 이 때,

$$f(x^*) \leq f(x^*) \quad \forall x \in S$$

를 만족하는 $x^* \in S$를 **전역 최적해**라고 한다. 또한 $x^* \in S$에 있는 $\varepsilon$-근접점 $B(x^*) = \{x \in S \mid \|x^* - x\| \leq \varepsilon\}$가 존재하고,

$$f(x^*) \leq f(x^*) \quad \forall x \in S$$

를 만족할 때, $x^*$를 **국소 최적해**라고 한다.

이어서 최적성 조건에 관해서 추가 설명을 합니다. 본문에서는 1차 최적성 조건(1차 필요조건)만 설명을 했습니다. 앞에서 설명한대로 정류점이란 최적해이기 위한 필요조건일 뿐이므로 정류점이라도 최적해라고는 할 수 없습니다. 따라서 헤세 행렬 $\nabla^2 f(x^*)$를 검사함으로써 정류점인가 최소해인가 혹은 최대해인가의 여부를 판단할 수 있습니다.

---

**2차 최적성 조건(충분 조건)**

$\nabla^2 f(x^*) = 0$를 만족하고 $\nabla^2 f(x^*)$가 양정치 행렬이면, $x^*$는 국소 최적해가 된다.

---

양정치 행렬이란 행렬의 고윳값[5]이 모두 양수인 행렬입니다. 1변수의 경우에 헤세 행렬은 스칼라이므로 단지 양수 값이면 최소해입니다. 실제로는 1변수의 경우는 증감표의 예(120페이지)에 대응합니다. 반대로 $\nabla^2 f(x^*)$가 음정치 행렬이라면, $x^*$는 국소 최대해가 됩니다. 고윳값이 양수와 음수 양쪽의 값을 포함하는 경우는 안장점이 됩니다. 규모가 큰 문제의 경우에, 고윳값 계산이 어렵기 때문에 반복법 등은 계산이 간단한 정류점을 목표로 하여 최적해를 구합니다.

---

[5] 고윳값에 대해서는 선형대수 교재를 참조하기 바랍니다.

## 볼록 집합과 볼록 함수

볼록 집합·볼록 함수에 관한 이미지 그림은 앞에서 소개했습니다. 볼록 집합과 볼록 함수의 수학적인 정의는 아래와 같습니다.

### 정의 3.2. 볼록 집합
집합 $S$에 포함되는 임의의 $x, y \in S$, $\lambda \in [0, 1]$에 대해

$$\lambda x + (1-\lambda) y \in S$$

가 성립할 때, $S$를 볼록 집합이라고 한다.

### 정의 3.3. 볼록 함수
집합 $S$를 볼록 집합이라고 하자. 함수 $f$에 대해서 임의의, $y \in S$, $\lambda \in [0, 1]$를 취하여

$$f(\lambda x + (1-\lambda) y) \leq \lambda f(x) + (1-\lambda) f(y)$$

가 성립할 때, 함수 $f$를 **볼록 함수**라고 한다.

이번에는 무제약 최소화 문제에 관한 설명이 핵심입니다. 제약 최적화 (3.2)에서 제약 조건인 함수 $g$와 $h$가 볼록 함수일 때, 제약 조건의 영역은 볼록 집합이 됩니다. 제약 조건의 영역이 볼록 집합인 볼록 함수의 최적화 문제를 **볼록 최적화 문제**라고 합니다. 추가로 선형 계획 문제는 제약 조건의 영역 그림(앞 장의 예로 제시한 그림)을 보면 알 수 있듯이 볼록 집합입니다. 따라서 선형 계획은 볼록 계획 문제입니다. 볼록 최적화 문제는 국소 최소해가 전역 최소해와 일치한다는 반가운 특성이 있습니다.

## 비선형 계획 문제의 예제

앞에서는 최소 제곱법과 같은 제약 조건이 없는 문제의 예를 들었지만, 현실의 문제는 제약 조건이 있는 경우가 대부분입니다. 제약 최적화 문제의 대표적인 예의 하나로 주식 포트폴리오 선택 문제를 소개합니다.

> **주식 포트폴리오 선택 문제**
> 주식에 투자할 때 어느 종목에 어느 정도의 비율로 투자할 것인가를 결정하는 문제

어느 자산에 어느 정도 투자하는가의 내역을 **포트폴리오**라고 합니다. 투자처 후보로 $n$개 종목을 고려합니다. 각 종목에 대한 투자 비율을 요소로 하는 실수 벡터를 $x = (x_1, x_2, \cdots x_n)$라고 합니다. 포트폴리오의 결정에 있어서는 수익과 리스크 등을 고려할 필요가 있습니다. 이 때 노벨 경제학상을 수상한 마코비츠가 제안한 평균·분산 모델이 도움이 됩니다. 이 모델은

수익 지표: 수익률의 기댓값 (평균)
리스크 지표: 수익률의 분산

을 이용합니다. 예를 들면, 종목이 3종류가 있고, 번째 종목의 수익률을 $r_j (j = 1, 2\cdots, n)$, $j$번째 종목에 대한 투자 비율을 $x_j$, $x_{ij}$를 $i$번째 종목과 $j$번째 종목에 대한 수익률의 공분산으로 하는 분산-공분산 행렬 $S$가 주어집니다.

예를 들면 3종목을 대상으로, 수익률과 공분산이 각각 [표 3.1], [표 3.2]로 주어졌다고 가정합니다.

◆ 수익률

$$R(x) = \sum_{i=1}^{3} r_i x_i = 0.3 x_1 + 1.3 x_2 + 0.1 x_n$$

|  | 자산 1 | 자산 2 | 자산 3 |
| --- | --- | --- | --- |
| 투자 수익률 | 0.3 | 1.3 | 0.1 |

[표 3.1] 자산과 기대 수익률

| 자산 | 자산 1 | 자산 2 | 자산 3 |
|---|---|---|---|
| 자산 1 | 18 | 2.5 | -3 |
| 자산 2 | 2.5 | 12 | 2.5 |
| 자산 3 | -3 | 2.5 | 8 |

[표 3.2] 자산 간의 공분산 행렬

◆ 분산

$$V(\boldsymbol{x}) = \sum_{i=1}^{3}\sum_{j=1}^{3} s_{ij} x_i x_j$$
$$= 18x_1^2 + 2.5x_1x_2 - 3x_1x_3$$
$$+ 2.5x_2x_1 + 12x_2^2 + 2.5x_2x_3$$
$$- 3x_3x_1 + 2.5x_3x_2 + 8x_3^2$$

이 됩니다. 또한 $\boldsymbol{x}$의 요소는 투자액의 비율을 나타내는 것으로, 각 요소는 0 이상이고 총합이 1인 제약 조건

$$\sum_{i=1}^{3} x_i = x_1 + x_2 + x_3 = 1,$$
$$x_1, x_2, x_3 \geq 0$$

이 있습니다.

 주식 포트폴리오는 수익률의 최대화와 분산의 최소화로 포트폴리오를 결정합니다. 이와 같이 목적이 여러 가지(이번에는 2가지)인 최적화 문제를 **다목적 최적화**라고 합니다. 양쪽을 동시에 만족하는 것은 곤란하기 때문에 한쪽의 값을 고정시키고 아래의 최적화 문제를 풀어, 각각을 최대화 또는 최소화합니다.

$$\begin{aligned}&\text{목적 함수 } R(\boldsymbol{x}) \rightarrow \text{최대화}\\&\text{제약 조건 } V(\boldsymbol{x}) = \alpha \ (\alpha\text{는 사전에 주어진 양수})\\&\sum_{i=1}^{n} x_i = x_1 + x_2 + \cdots + x_p = 1, \boldsymbol{x} \geq 0\end{aligned} \quad (3.3)$$

$$\begin{aligned}&\text{목적 함수 } V(\boldsymbol{x}) \rightarrow \text{최소화}\\&\text{제약 조건 } R(\boldsymbol{x}) = \beta \ (\beta\text{는 사전에 주어진 양수})\\&\sum_{i=1}^{n} x_i = x_1 + x_2 + \cdots + x_p = 1, \boldsymbol{x} \geq 0\end{aligned} \quad (3.4)$$

## 연습문제

$x = (x_1, x_2)^\mathsf{T}$로 가정하고

$$f(\boldsymbol{x}) = (x_1 - 1)^2 + 0.5(x_2 - x_1^2)^2 \tag{3.5}$$

로 가정한다. 반복법을 이용하여 $f$의 무제약 최소화를 고려한다.

1. 기울기 벡터와 헤세 행렬을 계산하시오.

2. 정류점을 구하시오.

3. $\boldsymbol{x}_0 = (0, 1)^\mathsf{T}$일 때의 목적 함수 $f(\boldsymbol{x}_0)$, 기울기 벡터 $\nabla f(\boldsymbol{x}_0)$, 헤세 행렬 $\nabla^2 f(\boldsymbol{x}_0)$를 계산하시오.

4. 현재의 점을 $\boldsymbol{x}_0 = (0, 1)^\mathsf{T}$로 하고, 최급강하법의 탐색 방향을 계산하시오. 또한 스텝 폭을 1로 하여 점을 갱신한 경우와 0.5로 하여 갱신한 경우, 각각의 갱신 후 함숫값을 계산하시오.

5. 현재의 점을 $\boldsymbol{x}_0 = (0, -1)^\mathsf{T}$로 하고 뉴턴법의 탐색 방향을 계산하시오. 또한 스텝 폭을 1로 하여 점을 갱신하고, 이 때의 함숫값을 계산하시오.

### 해답과 보충 설명

1. 이 문제 (3.5)의 기울기와 헤세 행렬은 $x_1$, $x_2$로 편미분하여 구해집니다. 식을 전개하여 미분해도 되지만, 합성 함수의 미분 (부록)을 사용하면 더 간단하게 계산할 수 있습니다. 기울기 벡터와 헤세 행렬을 각각 계산하면

$$\nabla f(\boldsymbol{x}) = \begin{pmatrix} 2x_1^3 - 2x_1 x_2 + 2x_1 - 2 \\ -x_1^2 + x_2 \end{pmatrix}, \quad \nabla^2 f(\boldsymbol{x}) = \begin{pmatrix} 6x_1^2 - 2x_2 + 2 & -2x_1 \\ -2x_1 & 1 \end{pmatrix}$$

이 됩니다.

2. 정류점을 구하기 위해

$$\nabla f(\boldsymbol{x}) = \begin{pmatrix} 2x_1^3 - 2x_1x_2 + 2x_1 - 2 \\ -x_1^2 + x_2 \end{pmatrix} = \boldsymbol{0}$$

가 성립하는 $x_1$, $x_2$를 계산합니다. $-x_1^2+x_2$에 의해 $x_2=x_1^2$가 됩니다. 이것을 첫 번째 식에 대입하면

$$2x_1 - 2 = 0$$

이 되어 $x_1=1$이 구해집니다. $x_2=x_1^2$에 의해 $x_2=1$이 되고, $(x_1, x_2)=(1, 1)$이 정류점입니다.

3. $x_1 = 0$, $x_2 = -1$을 각각 대입하면

$$f(\boldsymbol{x}_0) = 1.5, \ \nabla f(\boldsymbol{x}_0) = \begin{pmatrix} -2 \\ -1 \end{pmatrix}, \ \nabla^2 f(\boldsymbol{x}_0) = \begin{pmatrix} 4 & 0 \\ 0 & 1 \end{pmatrix}$$

이 구해집니다.

4. 최급강하법의 탐색 방향은

$$\boldsymbol{d}_0 = -\nabla f(\boldsymbol{x}_0) = -\begin{pmatrix} -2 \\ -1 \end{pmatrix} = \begin{pmatrix} 2 \\ 1 \end{pmatrix}$$

이 됩니다.
스텝 폭이 1일 때 :

$$\boldsymbol{x}_1 = \boldsymbol{x}_0 + \alpha_0 \boldsymbol{d}_0 = \begin{pmatrix} 0 \\ -1 \end{pmatrix} + \begin{pmatrix} 2 \\ 1 \end{pmatrix} = \begin{pmatrix} 2 \\ 0 \end{pmatrix}$$

가 되고, 이 때의 함수값은

$$f(\boldsymbol{x}_1) = 9$$

가 됩니다.
스텝폭이 0.5일 때 :

$$\boldsymbol{x}_1 = \boldsymbol{x}_0 + \alpha_0 \boldsymbol{d}_0 = \begin{pmatrix} 0 \\ -1 \end{pmatrix} + 0.5 \begin{pmatrix} 2 \\ 1 \end{pmatrix} = \begin{pmatrix} 1 \\ -0.5 \end{pmatrix}$$

가 되고, 이 때의 함숫값은

$$f(x_1) = \frac{9}{8} = 1.125$$

가 됩니다.

5. 뉴턴법의 탐색 방향은

$$\nabla^2 f(x_0) d_0 = -\nabla f(x_0)$$

를 만족하는 $d_0$를 구하면 됩니다. 즉

$$\begin{pmatrix} 4 & 0 \\ 0 & 1 \end{pmatrix} d_0 = \begin{pmatrix} 2 \\ 1 \end{pmatrix}$$

을 풀면

$$d_0 = \begin{pmatrix} 0.5 \\ 1 \end{pmatrix}$$

이 됩니다. 스텝폭이 1일 때, 갱신된 점의 행렬은

$$x_1 = x_0 + \alpha_0 d_0 = \begin{pmatrix} 0 \\ -1 \end{pmatrix} + \begin{pmatrix} 0.5 \\ 1 \end{pmatrix} = \begin{pmatrix} 0.5 \\ 0 \end{pmatrix}$$

이 되고, 이 때의 함숫값은

$$f(x_1) = \frac{9}{32} = 0.28125$$

가 됩니다.

## 해설

[그림 3.1]은 함수 (3.5)의 그래프와 등고선입니다. 등고선 위에 있는 점은 최소해 $(x_1, x_2) = (1, 1)$입니다. 무제약 최적화 문제는 기울기가 0이 되는 해를 계산하면 정류점을 구할 수 있습니다. 이번 문제는 변형식을 잘 이용하면 정류점을 손으로 계산하여 구할 수 있습니다. 그러나 이번처럼 계산할 수 있는 예는 드뭅니다. 따라서 반복법을 사용할 필요가 있습니다.

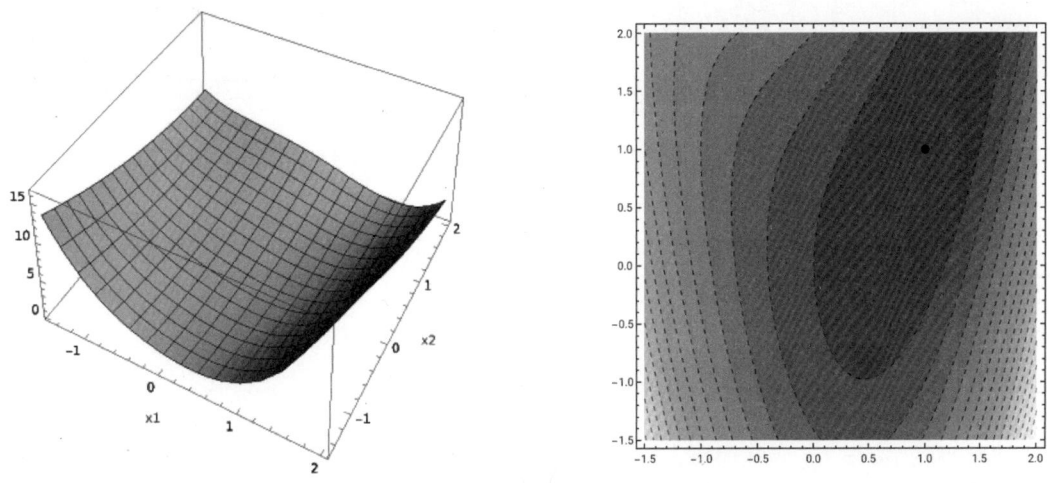

[그림 3.1 (3.5)의 그래프(왼쪽)와 등고선(오른쪽)]

[그림 3.2]는 문제 4와 5의 최급 강하법과 뉴턴법이 반복되는 형태를 나타내고 있습니다. [그림 3.2](왼쪽)에서 최급 강하법은 스텝 폭을 1로 한 경우 탐색 방향(회색 화살표)이 너무 길어져서 갱신 전보다 목적 함수 값이 커지게 되어 버립니다. 한편, 스텝 폭이 반으로 줄어들면 적절하게 목적 함수 값이 감소하는 것을 알 수 있습니다. 이에 따라 최급 강하법은 스텝 폭을 잘 골라야 한다는 과제가 있습니다. [그림 3.2](오른쪽)는 뉴턴법의 첫 번째 반복을 나타내고, 현재의 점에서 곡률을 계산하여 타원을 만들고, 타원의 중심을 향해 탐색을 진행합니다. 최급강하법과 비교하면 등고선의 원하는 방향이라는 것을 알 수 있습니다. 또한 뉴턴법은 스텝 폭을 1로 하는 것이 일반적입니다.

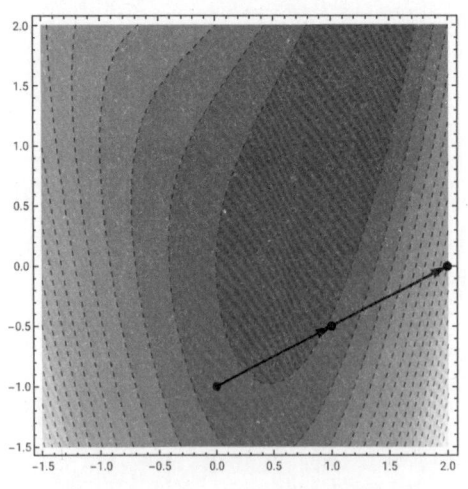
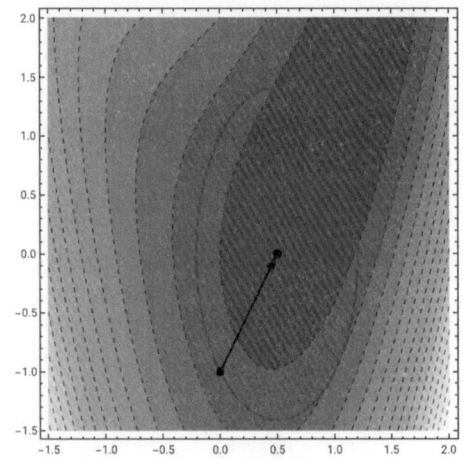

[그림 3.2] 최급 강하법(왼쪽)과 뉴턴법(오른쪽)의 반복법

[그림 3.3]은 스텝 폭을 적절하게 선택하여 최급 강하법과 뉴턴법을 반복한 것입니다. 최급 강하법은 지그재그 모양으로 이동하는데 반해서 뉴턴법은 최소해로 완만하게 이동하는 것을 알 수 있습니다. 그러나 연습문제에서 경험한 대로, 뉴턴법은 연립방정식을 풀어야 하므로 계산 과정이 복잡해진다는 단점이 있습니다.

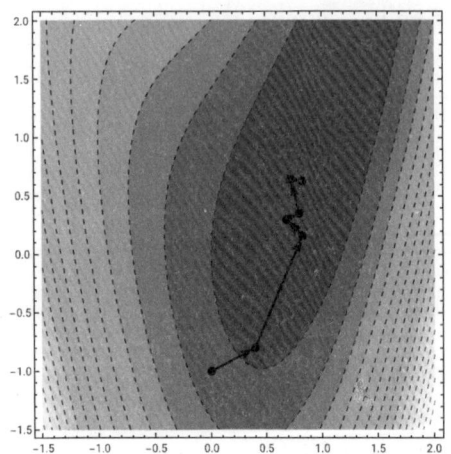
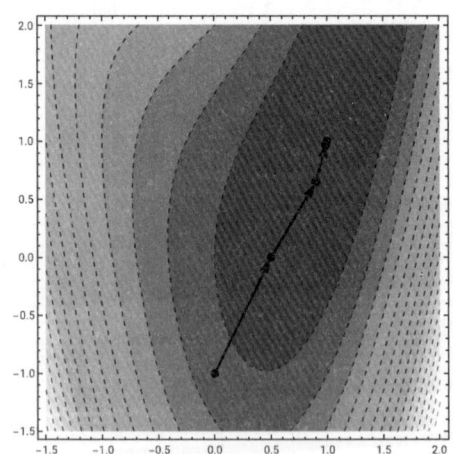

[그림 3.3] 최급 강하법(왼쪽)과 뉴턴법(오른쪽)의 반복

# 제4장

## 정수 계획 문제와 조합 최적화 문제

# 4-1 정수 계획·조합 최적화 문제의 예

▶▶▶ **정수라는 제약**

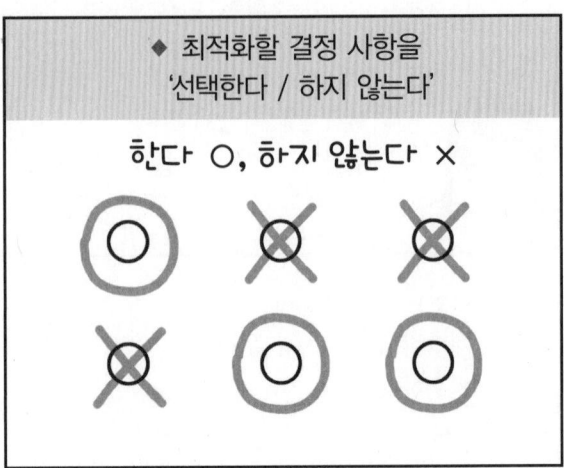
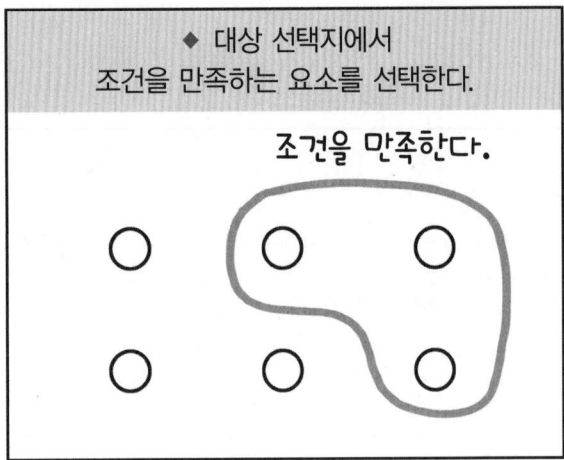

## ▶▶▶ 효율적인 방문을 위해서는 ▶▶▶

이제 유명한 문제 두 가지를 소개하겠습니다.
첫 번째는 **순회 세일즈맨 문제(TSP)**라는 것입니다. 다음을 참고하세요~.

---

◆ **순회 세일즈맨 문제**(Traveling Salesman Problem: **TSP**)

　세일즈맨이 영국, 프랑스, 이탈리아, 독일의 4개 도시를 방문합니다. 한 도시에서 출발하여 나머지 도시를 모두 방문하고 출발한 도시로 되돌아옵니다.

　각 도시 간 이동 거리(시간)는 아래 그림과 같습니다. 이때 이동 **거리(시간)를 최소화하는 순서**를 결정하세요. 어떤 순회 경로가 좋을까요?

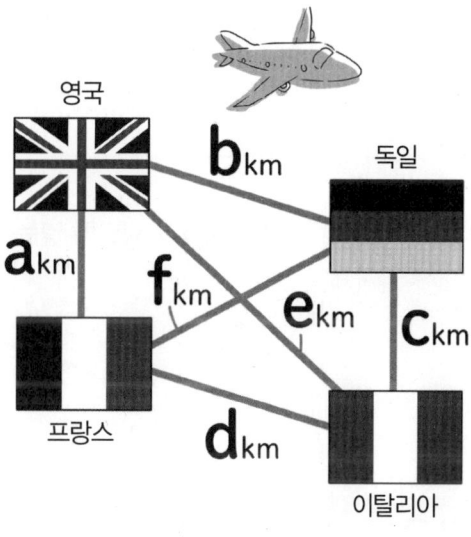

---

아-! **어떻게 하면 가장 효율적으로 순회할 수 있을까?**라는 것이군요.

맞습니다! 세계 각국을 다니는 것처럼 큰 규모가 아니어도 괜찮습니다.
예를 들어, '**도쿄의 여러 점포에 물건을 배송한다**'라는 문제에도 도움이 될 것 같네요~.

… 어쨌든, 세계 각국을 돌아보고 싶긴 하지만요. 훗….

아, 먼 곳으로 가려는 혜자 씨…!

### ▶▶▶ 배낭 문제

자, 오늘은 또 하나의 유명한 문제인 **배낭 문제**에 대해 자세히 알아보도록 하겠습니다~

---

**배낭 문제**

5개의 품목 {A, B, C, D, E}가 있습니다. 각 품목의 부피와 가치는 아래 표와 같습니다.

| 품목 | A | B | C | D | E |
|---|---|---|---|---|---|
| 부피($l$) | 4 | 3 | 6 | 1 | 5 |
| 가치 | 7 | 6 | 8 | 1 | 4 |

용량이 12$l$(리터)인 배낭에 **가치가 최대가 되도록 넣는 조합**을 정하세요. 어떤 품목을 어떤 조합으로 넣어야 할까요?

---

음, 용량 때문에 전부 넣을 수는 없겠군요.

그래도 **가치가 최대**가 되도록 넣고 싶다는 것이죠.

네, 그럼 방금 전의 **부피와 가치의 표**를 바탕으로 **수식으로 정리**해 보겠습니다.

아래는 **조합 최적화 문제를 표현하는 방법**입니다.

| 목적 함수 | $7x_1 + 6x_2 + 8x_3 + x_4 + 4x_5$ → 최대화 |
| --- | --- |
| 제약 조건 | $4x_1 + 3x_2 + 6x_3 + x_4 + 5x_5 \leq 12$, $x_j$는 0 또는 1, $j = 1, \cdots, 5$ |

품목 A, B, C, C, D, E가 각각 **변수** $x_1, x_2, x_3, x_4, x_5$ 라고 되어 있습니다.

그리고 각 품목을 **배낭에 넣으면 1, 넣지 않으면 0** 이 됩니다.

예를 들면 Ⓐ와 Ⓓ를 집어 넣으면 …

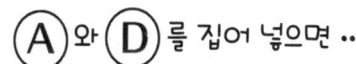

| A | B | C | D | E |
| --- | --- | --- | --- | --- |
| $x_1$ | $x_2$ | $x_3$ | $x_4$ | $x_5$ |
| ↓ | ↓ | ↓ | ↓ | ↓ |
| 1 | 0 | 0 | 1 | 0 |

그렇군요, **'넣는다/넣지 않는다'**가 절대적인 어느 한쪽을 의미하는군요.

흑백처럼 명확해서 이해하기 쉽네요.

## ▶▶▶ 0-1의 제약이 있는 문제 ▶▶▶

자, 여기서 잠시 색다른 문제 유형에 대해 소개하겠습니다.
앞서 설명한 배낭 문제처럼 **모든 변수가 0 또는 1의 값을 갖도록 제한되어 있는 문제**를 '**0-1 정수 계획 문제**'라고 합니다.

또한, 이 문제와 같이 '정하려는 변수에 조합의 요소가 있는 문제'를 통칭하여 '**조합 최적화 문제**'라고 합니다.

처음에 이미지를 보여 주셨죠(P. 156).
그 때의 그림에서는 '**선택한다/하지 않는다**'였지만, '**넣는다/넣지 않는다**'와 본질은 완전히 동일하군요. 흑백처럼 분명히 구분된다는 말씀이시군요.

맞습니다! 그럼 이제 용어를 추가적으로 소개하겠습니다.
일반적으로 **제약 조건**이나 **목적 함수의 변수에 정수 조건이 추가된 문제**를 '**정수 계획 문제**'라고 합니다.

그리고 **변수에 연속값과 정수값**이 섞인 문제를 '**혼합 정수 계획 문제**'라고 합니다.

어, **연속값**이 뭐였더라…?
들어본 적은 있는데….

**연속값**은 이름 그대로 **연속적인 값**을 말합니다.
정수값의 경우 0, 1, 2…로 늘어나지만, 연속값이라면 1과 2 사이의 값도 나타낼 수 있습니다. 예를 들어 1.45와 같이 소수점이 포함된 값은 정수가 아닌 연속값이죠.

음. 정수값은 드문 드문 떨어져 있고, 연속값은 연속적으로 이어진다는 것이군요.

그래서 0-1의 제약 조건이 포함된 경우를 '**0-1 혼합 정수 계획 문제**'라고 합니다.

앞의(P.157) 4도시 예에서 소개한 **순회 세일즈맨 문제(TSP)**는 각 지점 사이의 경로가 변수가 됩니다.
이 예에서는 오른쪽 그림과 같이 '6개의 경로'가 있네요.

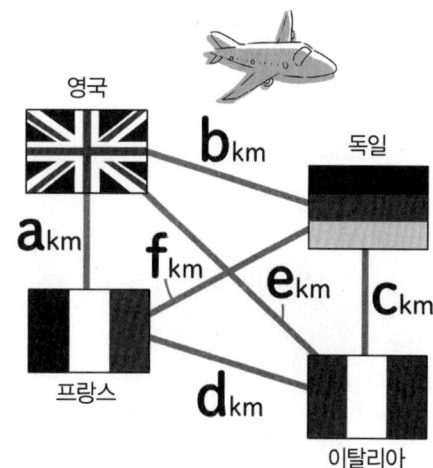

**해당 경로를 통과하면 1, 통과하지 않으면 0**이 되므로 '**0-1 정수 계획 문제**'입니다.

그렇군요…. '**통과한다/통과하지 않는다**'이군요. 역시 흑백이 분명하네요.

그런데 프랑스에서 누군가와 약속이 있어서 **머물러야 하는 도착 시간과 출발 시간에 제한**이 있다고 가정해봅시다.
이 경우 **경로라는 0-1 변수**뿐만 아니라 **시간이라는 연속적인 변수**가 등장하기 때문에, '0-1 혼합 정수 계획 문제'가 되는 것이죠.

아. 복잡할 것 같지만, 그래도 실제로 도움이 되는 문제가 될 것 같네요.
**시간 제한이 있는** 것, 일상에서도 자주 있는 일이니까요…!

그, 그렇죠…!
저도 사회인으로서 시간을 잘 지키고 싶네요…. 에헴.

### ▶▶▶ 근사해법, 엄밀해법이란? ▶▶▶

이제 조합 **최적화 문제의 두 가지 해법**에 대해 자세히 알아보겠습니다.

'적당히 맞는 해답을 빨리 구하는 방법'이 **근사해법**이고,
'정확한 해답을 시간을 두고 구하는 방법'이 **엄밀해법**입니다.

> ◆ **근사해법**
>   엄밀한 최적해를 구하는 것은 포기하고,
>   어느 정도 최적해에 가까운 값을 가진 실행 가능한 해를 최대한 빨리 구한다.
>
> ◆ **엄밀해법**
>   계산에 시간이 걸릴지 모르지만, 엄밀하게 최적해를 구한다.

오. 근사치의 의미는 예전에 배웠어요(P. 106).

이번에는 대표적인 방법으로 **탐욕법(근사해법)**을 배우고 **분기 한정법(엄밀해법)**은 뒤에 소개하고자 합니다.

탐욕!? 그리고 가지치기 같은 것…? 어려운 수수께끼군요.

해법을 알려드리기 전에, 먼저 여기에서 **완화 문제**라는 것을 소개하려고 합니다~.
완화 문제란 정수 조건이나 0-1 조건 등 **풀기 어려운 제약 조건을 제거하여 간단하게 만든 문제**를 말합니다.

아, 완화라는 단어는 '엄격함을 누그러뜨린다'라는 뜻이잖아요.

정수 조건이나 0-1 조건을 **연속값으로 느슨하게 하는** 것을 **연속 완화**라고 하는데요, 완화를 통해 지금까지 선형계획이나 비선형 계획 장에서 배운 방법을 활용할 수 있습니다…!

또한, **완화 문제**는 원래 최적화 문제의 실행 가능 영역을 포함하면서 더 넓은 실행 가능 영역을 가지게 됩니다.
따라서 다음과 같은 특성을 가지고 있습니다.

> ◆ 완화 문제의 특성
>
> 1. 완화 문제의 최적해가 원래 문제의 실행 가능 해라면, 이 해는 원래의 실행 가능 해이다.
>
> 2. 원래 문제가 최대화(최소화) 문제라면, 완화 문제의 최적값은 원래 문제의 최적값 이상(이하)이다.

특성 1을 주의하기 바랍니다. 완화 문제를 풀었는데, 우연히 원래 문제의 실행 가능한 해라면 **어려운 조합 최적화 문제**를 열심히 풀지 않아도 된다는 것을 알 수 있습니다. 그렇지 않더라도 특성 2를 통해 **조합 최적화 문제를 풀 때 참고할 수 있는 지표**를 얻을 수 있습니다.

그렇군요….
**완화 문제에 따라 풀기가 쉬워지거나 단서를 얻을 수 있다**는 뜻이군요!

제4장 정수 계획 문제와 조합 최적화 문제 165

5가지 품목의 효율은 아래의 표처럼 됩니다.

음~ 이것들을 12ℓ 용량의 배낭에 넣는다면….

역시 **효율이 높은 순서대로 넣는 것**이 좋겠죠?

| 품목 | A | B | C | D | E |
|---|---|---|---|---|---|
| 효율(가치/부피) | 1.75 | 2.00 | 1.33 | 1.00 | 0.80 |
| **효율이 높은 순서** ➡ | 2번 | 1번 | 3번 | 4번 | 5번 |

맞습니다.
그럼 채워 넣겠습니다~!

B ➡ A ➡ C ➡ D ➡ E 순으로 넣습니다만….
**각 품목의 부피**(P. 158) 관계로
C는 용량 초과로 들어가지 않습니다…!
D가 들어가고, 이것으로 끝입니다.

결과적으로
**A, B, D**가
선택되었군요!

그럼 다음으로 목적 함수의 식(P. 159)에 대입해 봅시다.

A, B, D가 선택되었을 때의
**목적 함수 값**은
14가 되었습니다!

| 목적 함수 |
|---|

$$\overset{A}{7x_1} + \overset{B}{6x_2} + 8x_3 + \overset{D}{x_4} + 4x_5$$

$$=14$$

**와― 이게 바로 탐욕법….**
알기 쉬웠어요.
욕심스러운 인간의 특성이 있군요….

그렇죠?
참고로 이 배낭 문제를
**연속적으로 완화하여 풀어낸 해와**
최적값은 다음과 같습니다.

$$x_1 = 1,\ x_2 = 1,\ x_3 = \frac{5}{6},\ x_4 = 0,\ x_5 = 0, \qquad \text{최적해는 } 19.67$$

↑ 연속 완화하였으므로 $\frac{5}{6}$이라는 값도 만족스러움

어어?
탐욕법의 목적 함수 값은 14이므로
완화 문제의 최적값 19.67과
비교해 보면 꽤나 큰
갭(차이)이 있군요.

그래요,
좀 더 개선할 수 있을 것 같다는
느낌이 드네요.

### ▶▶▶ 분기 한정법 ▶▶▶

음, 다음 풀이 방법은 **분기 한정법**인가 보군요.
'시간을 들여서 정확한 해답을 구하는 방법'이지요?

네, 맞아요. **분기 한정법은 해의 후보(조합)를 모두 열거하고, 그 중에서 최적의 해를 선택하는 방법**이에요.
모든 조합을 열거하는 것은 현실적으로 불가능하기 때문에, 최적해가 될 수 없는 조합은 무시하고, 요령껏 열거하는 거죠.

그렇군요. 그런데 모든 조합을 다 열거하고 어떻게 표현할 수 있을까…
아, 혹시 **분기**란… '가지치기'와 관련이 있나요?

맞습니다! 분기 한정법의 절차와 그 모습을 나타낸 그림을 보시죠~!

1. $x_1 = 1$인 해와 $x_1 = 0$인 해로 나눈다.

2. $x_1 = 1$인 해 중에서 $x_2 = 1$인 해와 $x_2 = 0$인 해로 나눈다.
   $x_1 = 0$인 해에 대해서도 동일하다.

3. $x_1 = 1$, $x_2 = 1$인 해 중에서 $x_3 = 1$인 해와 $x_3 = 0$인 해로 나눈다.
   이 과정을 동일하게 반복한다.

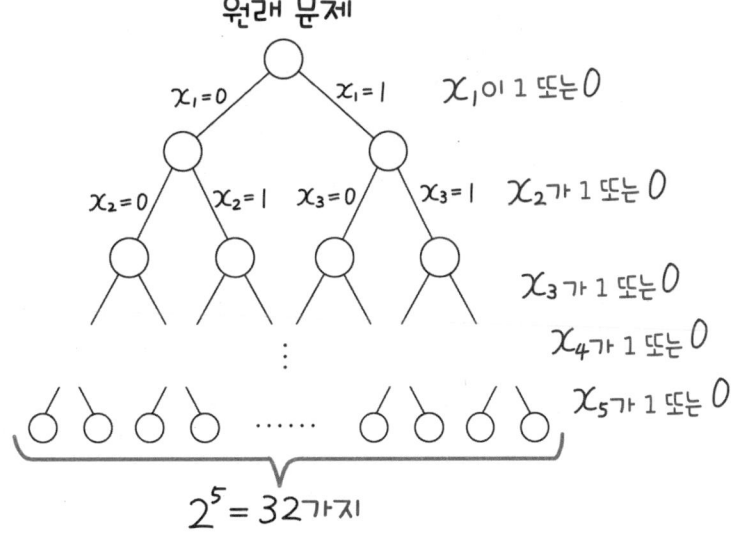

이렇게 **모든 조합을 열거하고 그 때의 목적 함수 값을 비교**하면 최적해를 알 수 있습니다.

하하, 이거라면 확실히 제대로 된 최적해를 얻을 수 있을 것 같네요.
그리고 이 그림을 보면 정말 **가지치기**라는 느낌이 드는데요…!

다만, 조합의 수가 엄청나게 많아집니다. 변수의 수 $n$에 대한 0–1 변수의 경우에는 $2^n$ (이번 예제에서는 $2^5=32$) 만큼의 조합이 존재하네요.
실제로 문제를 풀 때 모든 조합을 계산하는 것은 비현실적이기 때문에, **최적해가 될 수 없는 해는 무시하는 전략**이 필요합니다.

구체적으로 어떤 전략이라고 하면…
예를 들어, 방금 전의 완화 문제를 풀어 그 해를 보고 **탐색을 종료(분기)**하는 방법 등이 있습니다.

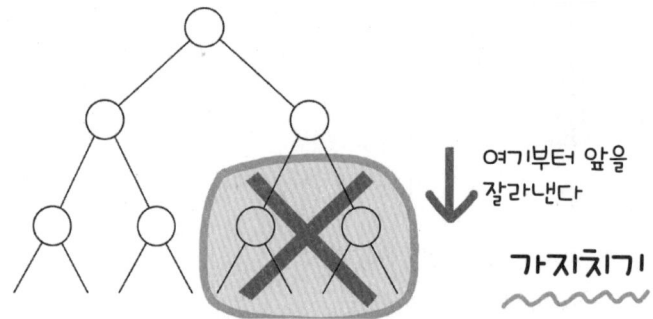

가지치기! 이름 그대로 가지를 잘라내어 무시해 버리는 것이군요.

맞습니다. **최적화 문제를 풀기 위한 소프트웨어**를 **최적화 솔루션**※이라고 하는데요, 최적화 솔루션 중 분기 한정법에서는 가지치기 등 전략이 실행되고 있어요~.
※**솔루션**(solution)은 '문제를 풀어서 값을 구하는 프로그램이나 기능'이라는 뜻입니다.

아! 솔루션이라고요?
그런 소프트웨어를 저도 빨리 사용해 보고 싶네요…!

일상에서든 비즈니스에서든 어떤 과제나 고민에 직면했을 때, 그것은 '수리 최적화'로 해결할 수 있는 것일지도 모릅니다.

예를 들어, 이런 문제도 해결할 수 있습니다!

★ 배송 문제
배송 비용을 최소화하기 위한 트럭의 수와 목적지 할당

몇 대?

많은 목적지

★ 학급 편성
학생들의 성적 편차를 최소화하도록 학급에 배정합니다.

★ 사랑의 작대기
미팅에서 남녀에게 '서로 사귀고 싶은 짝'을 물어보고, 맺어지는 쌍의 수를 최대화한다.

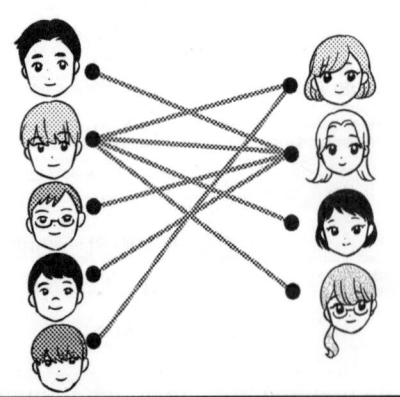

★ 기계학습(예측 모델)
교사(학습) 데이터의 예측 정확도를 최대화하기 위한 예측 모델의 파라미터 추정

기계학습은 인공지능(AI) 중 하나입니다.

# 팔로우 업

## 분기 한정법

분기 한정법은 처음에 하나의 변수 값을 고정하고 완화 문제를 풀고 나서 그 결과로부터 다음에 어떤 변수를 고정할 것인가를 선택하는 것을 반복합니다. 그 때, 해의 후보 (분기) 순서를 어떤 식으로 탐색하는 것이 효율적인가에 따라서 두 가지 탐색 방법을 소개합니다.

- **깊이 우선 탐색**: 일단 진행할 수 있는 곳까지 진행하고, 그 이상 나갈 수 없으면 한 발 뒤돌아서 그 지점부터 탐색하는 방법
- **너비 우선 탐색**: 출발점에 가까운 점부터 차례대로 탐색하는 방법

이 외에도 최량 우선 탐색이라는 방법 등도 있습니다. 이 방법은 완화 문제를 푼 결과로부터 얻어지는 정보를 이용하여 탐색하는 분기를 결정합니다.

만화에서 분기 한정법은 문제의 변수가 0-1만이었으므로 분기를 하는 그림을 간단하게 나타낼 수 있었습니다. 일반적으로 정수 계획 문제에서는 어떤 식으로 분기를 할까요? 정수 계획 문제를 연속적으로 완화하여 일반적인 선형 계획 문제로 해결합니다. 예를 들면, 완화 문제의 해 $x_1$의 성분이 3.4였다고 합시다. 그리고 $x_1 \leq 3$, $x_2 \geq 4$로 하여 다시 한번 문제를 푸는 식으로 반복하는 것이 정수 계획 문제에 대한 분기 한정법입니다.

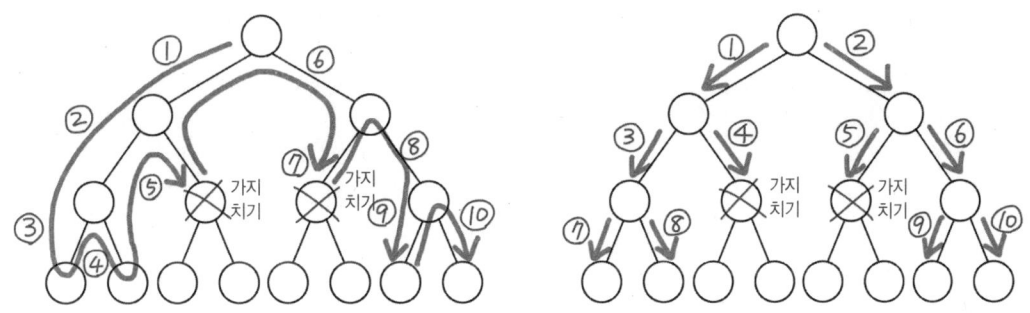

[그림 4.1] 깊이 우선 탐색 (왼쪽)과 너비 우선 탐색(오른쪽)의 탐색 순서

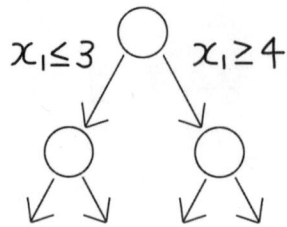

[그림 4.2] 정수 계획 문제에 대한 분기 한정법

## 그래프와 네트워크를 이용한 정수 계획·조합 최적화 문제

정수 계획·조합 최적화 문제를 수식화할 때 중요한 그래프와 네트워크에 관해서 소개합니다. 그래프는 [그림 4.3]과 같이 복수의 원을 선으로 연결한 것을 가리킵니다. 이 원을 정점, 정점을 연결하는 선을 변[6]이라고 부릅니다. 또한 [그림 4.3](오른쪽)과 같이 간선이 정점을 향한 것을 방향 그래프라고 하고, [그림 4.3](왼쪽)과 같이 간선에 방향이 없으면 무방향 그래프라고 합니다. 네트워크란 정점이나 간선에 수송량이나 시간, 비용 등의 수량을 기록한 것입니다. 순회하는 세일즈맨 문제에서 등장하는 그래프는 네트워크입니다. 그래프·네트워크는 인터넷망, 지도상의 인접관계, 친구 관계 등을 나타낼 수 있습니다.

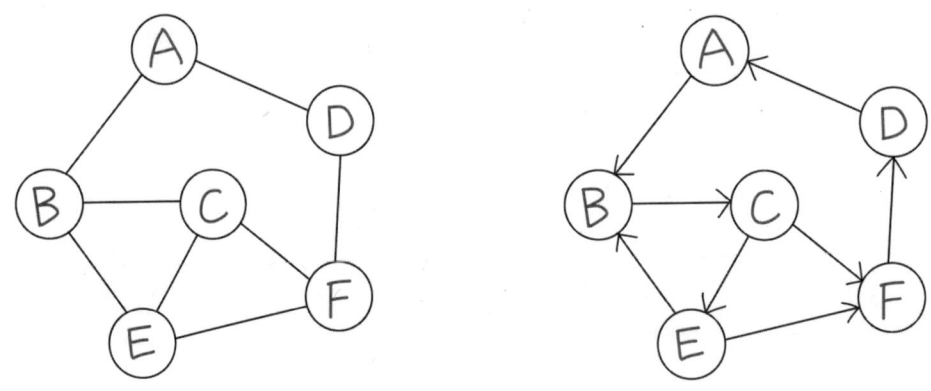

[그림 4.3] 무방향 그래프(왼쪽)와 방향 그래프(오른쪽)

여기에서 그래프·네트워크를 사용한 최단 경로 문제를 소개합니다.

---

6 가지라고도 부릅니다.

> **최단 경로 문제**
> 가장 인접한 역으로부터 친구의 집 주변의 역까지 최단 거리로 도착하는 환승 경로를 고려한다. 전차의 승차 시간과 환승 역은 아래의 네트워크로 주어진 것으로 한다(환승 대기 시간은 고려하지 않는다).

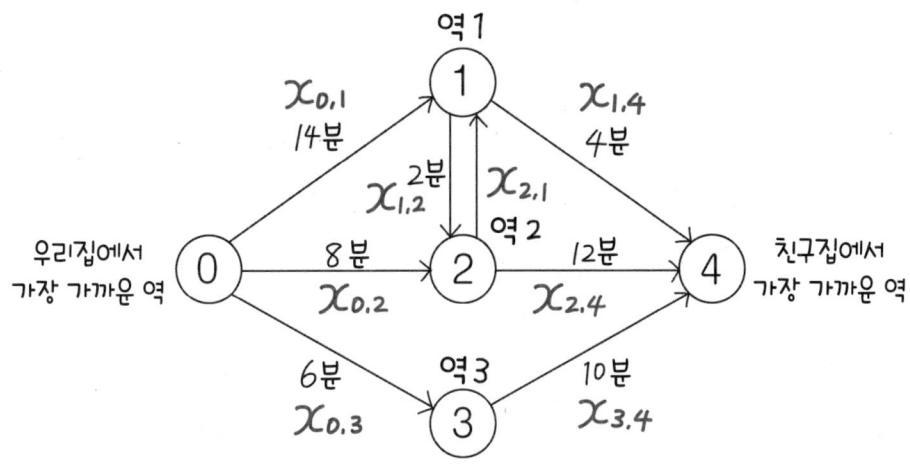

[그림 4.4] 최단 경로 문제

이 최적화 문제는 $x_{i,j}$를 역 $i$로부터 역 $j$를 통과하는가의 여부를 나타내는 0-1 변수로 하고, 다음과 같은 식으로 나타낼 수 있다.

$$\begin{aligned}
\text{목적 함수} \quad & 14x_{0,1} + 8x_{0,2} + 6x_{0,3} + 2x_{1,2} \\
& + 4x_{1,4} + 2x_{2,1} + 12x_{2,4} + 10x_{3,4} \quad \to \text{최소화} \\
\text{제약 조건} \quad & x_{0,1} + x_{0,2} + x_{0,3} = 1 \\
& (x_{0,1} + x_{2,1}) - (x_{1,2} + x_{1,4}) = 0 \\
& x_{0,2} - (x_{2,1} + x_{2,4}) = 0 \\
& x_{0,3} - x_{3,4} = 0 \\
& x_{1,4} + x_{2,4} + x_{3,4} = 1 \\
& x_{0,1}, x_{0,2}, x_{0,3}, x_{1,4}, x_{2,1}, x_{2,4}, x_{3,4} \in \{0, 1\}.
\end{aligned}$$

등식으로 주어진 제약 조건의 가장 위의 식과 아래의 식은 각각 '출발역에서 타는 전차는 하나' '도착역까지 타는 전차는 하나'를 의미합니다. 그 사이의 제약 조건은 각각의 역을 지나면 1-1 = 0, 지나지 않으면 0-0 = 0이 되도록 주어져 있습니다. 이 문제는 다익스트라법이라고 부르는 방법에 따라 효율적으로 최단 경로를 계산할 수 있습니다.

## 연습문제

**연습문제 1**

5개의 품목 {A, B, C, D, E}가 주어져 있고, 각 품목의 가격과 무게가 아래와 같이 표로 주어져 있다. 용량이 15kg인 배낭에 총 가격이 최대가 되도록 넣는 조합을 결정한다.

| 품목 | A | B | C | D | E |
|---|---|---|---|---|---|
| 가격 | 50 | 55 | 70 | 10 | 40 |
| 무게($kg$) | 7 | 6 | 9 | 1 | 5 |

1. 배낭 문제를 수식으로 나타내시오.
2. 효율(가격/무게)을 기준으로 하는 탐욕법을 이용하여 해를 구하고, 이 때의 함수값을 구하시오.

**연습문제 2**

각 지역을 정점으로 하고, 다리를 간선으로 하여 아래 그림에 해당하는 그래프를 그리시오.

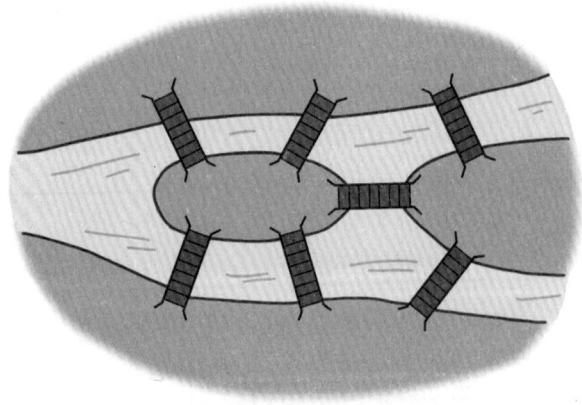

## 풀이

**연습문제 1의 풀이**

- $x_1, \cdots, x_5$를 각각 품목 A, $\cdots$, E를 배낭에 넣는 경우는 1, 넣지 않은 경우는 0이 되는 0-1 변수로 합니다. 이 때 최적화 문제는

$$\begin{vmatrix} \text{목적 함수 } 50x_1 + 55x_2 + 70x_3 + 10x_4 + 40x_5 \quad \to \text{최대화} \\ \text{제약 조건 } 7x_1 + 6x_2 + 9x_3 + x_4 + 5x_5 \leq 15, \\ \quad x_j \text{는 } 0 \text{ 혹은 } 1, \quad j = \cdots, 5 \end{vmatrix} \quad (4.1)$$

가 됩니다.

- 효율(가격/무게)을 표로 작성하면

| 품목 | A | B | C | D | E |
|------|------|------|------|------|-----|
| 효율(가격/무게) | 7.14… | 9.16… | 7.77… | 10.0 | 8.0 |

이 됩니다. 따라서 효율은 D→B→E→C→A가 되고 제약 조건을 만족하는 범위 내에서 집 어넣으면 $(x_1, x_2, x_3, x_4, x_5) = (0, 1, 0, 1, 1)$이 해가 되고, 목적 함수 값은 105가 됩니다.

연습문제 2의 해답은 [그림 4.5]와 같습니다.

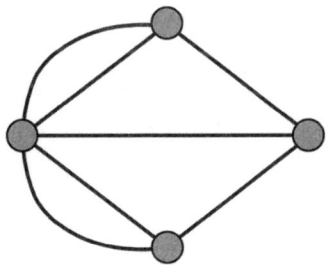

[그림 4.5] 연습문제 2의 해답

### 보충 설명

연습문제 1을 분기 한정법을 사용하여 푼 예를 소개합니다. 우선 처음에 (4.1)을 선형으로 완화한 함수를 고려합니다. 이 때의 최적해는 $(x_1, x_2, x_3, x_4, x_5) = (0, 1, 1/3, 1, 1)$이 되고, 목적함수는 128.333…입니다. 완화 문제의 성질로부터 128.333…이 배낭 문제의 최적해 상계가 됩니다. 한편 앞의 연습문제를 탐욕법으로 구한 목적 함수는 105이고, 이것은 (4.1)의 최적해 하계가 됩니다. 따라서 (4.1)의 최적해는 105~128.333…의 범위에 있다는 것을 알 수 있습니다.

'탐욕법으로 구한 값(하계) ≤ 완화 전의 최적값 ≤ 완화문제의 최적값(상계)'

분기 한정법을 적용하기 위해서는 고정 변수를 정합니다. 이번에는 $x_3 = 1/3$이었으므로 이것을 0과 1로 고정합니다. 이 때 완화 문제와 탐욕법으로 상계와 하계를 계산하고 고정 변수를 정하는 것을 반복합니다. [그림 4.6]이 이러한 반복 과정을 나타냅니다. 각각의 분기에서는 변수를 고정할 때의 상계(완화 문제)와 하계(탐욕법)를 계산하고 있습니다. $x_3 = 1$, $x_2 = 1$로 고정할 때가 상계와 하계가 일치하고, 전체 분기 중에서 최대가 됩니다. 따라서 최적해는 $(x_1, x_2, x_3, x_4, x_5) = (0, 1, 1, 0, 0)$이고 최적값은 125입니다.

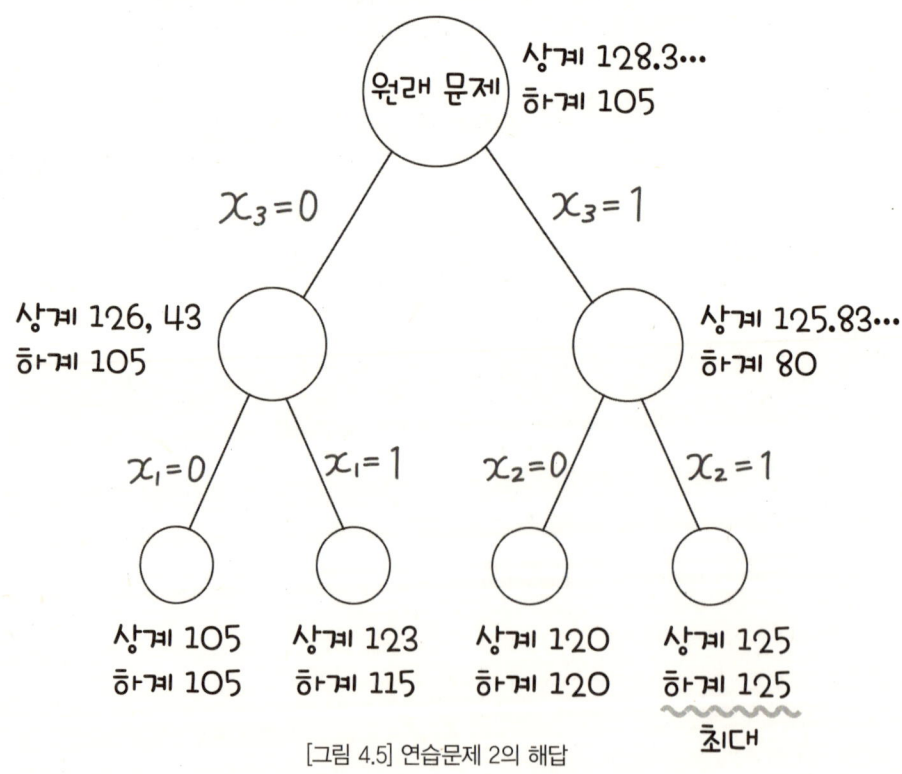

[그림 4.5] 연습문제 2의 해답

에필로그
# epilogue

# 부록(Appendix)

## 행렬·벡터의 계산

벡터, 행렬의 덧셈과 뺄셈은 아래와 같습니다.

$$x \pm y = \begin{pmatrix} x_1 \\ x_2 \\ \vdots \\ x_n \end{pmatrix} \pm \begin{pmatrix} y_1 \\ y_2 \\ \vdots \\ y_n \end{pmatrix} = \begin{pmatrix} x_1 \pm y_1 \\ x_2 \pm y_2 \\ \vdots \\ x_n \pm y_2 \end{pmatrix},$$

$$A \pm B = \begin{pmatrix} a_{1,1} & a_{1,2} & \cdots & a_{1,n} \\ a_{2,1} & a_{2,2} & \cdots & a_{2,n} \\ \vdots & & & \vdots \\ a_{m,1} & a_{m,2} & \cdots & a_{m,n} \end{pmatrix} \pm \begin{pmatrix} b_{1,1} & b_{1,2} & \cdots & b_{1,n} \\ b_{2,1} & b_{2,2} & \cdots & b_{2,n} \\ \vdots & & & \vdots \\ b_{m,1} & b_{m,2} & \cdots & b_{m,n} \end{pmatrix}$$

$$= \begin{pmatrix} a_{1,1} \pm b_{1,1} & a_{1,2} \pm b_{1,2} & \cdots & a_{1,n} \pm b_{1,n} \\ a_{2,1} \pm b_{2,1} & a_{2,2} \pm b_{2,2} & \cdots & a_{2,n} \pm b_{2,n} \\ \vdots & & & \vdots \\ a_{m,1} \pm b_{m,1} & a_{m,2} \pm b_{m,2} & \cdots & a_{m,n} \pm b_{m,n} \end{pmatrix}$$

동일한 형식의 배열은 동일한 위치의 성분에 일반적인 덧셈과 뺄셈 연산만 적용해도 됩니다. 스칼라와 벡터의 곱은

$$a x = a \times \begin{pmatrix} x_1 \\ x_2 \\ \vdots \\ x_n \end{pmatrix} = \begin{pmatrix} ax_1 \\ ax_2 \\ \vdots \\ ax_n \end{pmatrix}$$

으로 쓸 수 있습니다.

다음으로 전치행렬 T를 소개합니다. 전치 행렬은 행렬의 행 성분과 열 성분을 맞바꾸는 연산을 한 것입니다. 전치하고 싶은 행렬의 오른쪽 위에 를 표시합니다. 예를 들면

$$\begin{pmatrix} 1 & 2 & 3 \\ 4 & 5 & 6 \end{pmatrix}^\top = \begin{pmatrix} 1 & 4 \\ 2 & 5 \\ 3 & 6 \end{pmatrix}$$

와 같습니다. 또한 문장의 구조상 벡터를

$$\boldsymbol{x} = \begin{pmatrix} x_1 \\ x_2 \\ \vdots \\ x_n \end{pmatrix} = (x_1, x_2, \cdots, x_n)^\top$$

라고 쓸 수도 있습니다.

벡터의 내적(벡터의 대응하는 요소끼리의 곱)을 소개합니다. $n$차원 벡터 $x$, $y$의 내적을

$$\boldsymbol{x}^\top \boldsymbol{y} = \sum_{i=1}^{n} x_i y_i = x_1 y_1 + x_2 y_2 + \cdots + x_n y_n$$

으로 정의합니다.[7] 동일 위치의 성분들끼리 곱하고 모두 더합니다.

행렬 벡터의 곱은

$$A\boldsymbol{x} = \begin{pmatrix} a_{1,1} & a_{1,2} & \cdots & a_{1,n} \\ a_{2,1} & a_{2,2} & \cdots & a_{2,n} \\ \vdots & & & \vdots \\ a_{m,1} & a_{m,2} & \cdots & \end{pmatrix} \begin{pmatrix} x_1 \\ x_2 \\ \vdots \\ x_n \end{pmatrix} = \begin{pmatrix} \sum_{i=1}^{n} a_{1,i} x_i \\ \sum_{i=1}^{n} a_{2,i} x_i \\ \vdots \\ \sum_{i=1}^{n} a_{m,i} x_i \end{pmatrix}$$

가 됩니다.

---

[7] $x^\top y$가 아닌 $(x, y)$ 혹은 $(x \cdot y)$라고 쓰는 경우도 있습니다.

## 합성 함수의 미분

복잡한 함수의 미분을 하기 위해 편리한 합성 함수의 미분을 소개합니다. 합성 함수란 어떤 함수를 두 개의 함수로 나타내는 것을 가리킵니다. 예를 들면

$$(x^2 - 1)^3$$

라는 함수는

$$f(x) = x^2 - 1, \quad g(x) = x^3$$

라고 정의함으로써

$$g(f(x)) = (x^2 - 1)^3$$

라고 표현할 수 있습니다. 이 함수를 미분하려면, 일단 전개하여 $y = x^n \rightarrow y' = nx^{n-1}$를 적용할 수도 있습니다만, 전개가 다소 번거롭습니다. 따라서 합성함수의 미분

$$(g(f(x)))' = g'(f(x))f'(x)$$

을 적용합니다. $f, g$ 각각의 미분은

$$f'(x) = 2x, \quad g'(x) = 3x^2$$

이므로

$$g(f(x))' = g'(f(x))f'(x) = 3(x^2-1)^2 \times 2x = 6x(x^2-1)^2$$

이 됩니다. 따라서 $(x^2-1)^3$을 전개할 필요 없이 미분을 구하는 것이 가능합니다.

# 추가적인 공부를 위해

이 책은 수리 최적화 입문을 위한 입문서입니다. 따라서 수학적으로 모호한 부분이나 설명이 부족한 부분도 많습니다. 좀 더 수리 최적화 이론을 제대로 배우고 싶고, 활용하기 위한 공부를 하고 싶은 분들을 위해 비교적 문턱이 낮고 입문서로 추천할 만한 책을 소개합니다.

### ◆ 야베 히로시, 『공학기초 최적화와 그 응용』, 수리공학사

선형계획과 비선형계획을 중심으로 한 연속 최적화 이론과 알고리즘에 관한 책입니다. 선형대수와 미적분학의 기초 지식만 있으면 읽기에 충분하므로 선형 계획과 비선형 계획의 입문서로 추천합니다.

### ◆ 카네모리 케이분, 스즈키 다이지, 타케우치 이치로, 사토 이치세이, 『기계학습을 위한 연속 최적화』, 코단샤

제목 그대로 기계학습에서 등장하는 수리 최적화(주로 비선형 계획)의 이론과 알고리즘에 관한 책입니다. 최근 화두가 되고 있는 주제의 기초 이론을 제대로 배우기 위한 입문서로 추천합니다.

### ◆ 우메타니 슌지, 『제대로 배우는 수리 최적화 모델에서 알고리즘까지』, 코단샤

수리 최적화의 다양한 문제를 폭넓게 다루고 있는 책입니다. 특히 조합 최적화에 관한 입문서로는 현재 출판된 일본 서적 중 가장 방대한 분량으로 잘 쓰여져 있어 추천합니다.

### ◆ 히사노 타카히토, 시게노 마이코, 고토 준야, 『IT Text 수리 최적화』, 옴사

'제대로 배우는 수리 최적화 모델에서 알고리즘까지'와 마찬가지로 수리 최적화의 다양한 문제를 폭넓게 다루고 있으며, 전 범위를 폭넓고 균형 있게 다루고 있어 한 권으로 차근차근 배우고 싶은 분들에게 입문서로 추천합니다.

### ◆ 이와나가 지로, 이시하라 쿄타, 니시무라 나오키, 다나카 카즈키, 『Python으로 시작하는 수리 최적화(제2판): 사례 연구로 모델링 기술을 익히자』, 옴사

지금까지 소개한 책은 수리 최적화에 대한 이론적인 내용을 다룬 수학책이었지만, 이 책은 실제로 수리 최적화를 활용할 때 Python으로 어떻게 하면 좋을지 실무에 대한 입문서로 추천합니다.

# 찾아보기

## 기호·영문·숫자

- 0-1 정수 계획 문제 ······ 160, 161
- 0-1 혼합정수 계획 문제 ······ 161
- LP ······ 86
- NLP ······ 109
- TSP ······ 107
- Σ ······ 107

## ㄱ

- 강쌍대 정리 ······ 89
- 곡률 ······ 56
- 국소 수렴성 ······ 135
- 국소 최적해 ······ 114, 141
- 공식화 ······ 23, 26, 29, 67
- 그래프·네트워크 ······ 176
- 극대점 ······ 122
- 극소점 ······ 122
- 극한값 ······ 119
- 근사해 ······ 131
- 근사해법 ······ 164
- 기울기 ······ 47
- 기울기 벡터 ······ 48, 52, 54
- 기저 변수 ······ 79
- 깊이 우선 탐색 ······ 175

## ㄴ

- 내점법 ······ 75, 77, 128
- 너비 우선 탐색 ······ 175
- 뉴턴법 ······ 136

## ㄷ

- 다변수 함수 ······ 46
- 단체법 ······ 75, 76, 78, 128

## ㅁ

- 등고선 ······ 69, 74
- 등식 제약 조건 ······ 72

## ㅁ

- 모델링 ······ 16, 26, 29
- 모델화 ······ 16
- 목적 함수 ······ 22, 23, 32
- 목적 함수 값 ······ 22
- 무제약 최적화 문제 ······ 112, 113, 141
- 미분 ······ 43

## ㅂ

- 반복법 ······ 130
- 배낭 문제 ······ 158
- 벡터 ······ 34, 38, 57
- 벡터 행렬 ······ 55
- 변수 ······ 22, 32
- 변수 벡터 ······ 72, 113
- 보조 변수 ······ 79
- 볼록 집합 ······ 123, 126, 143
- 볼록 함수 ······ 123, 126, 143
- 볼록 최적화 문제 ······ 143
- 부등식 제약 조건 ······ 72
- 분기 한정법 ······ 164, 169, 175
- 비선형 ······ 31, 100
- 비선형 계획 문제 ······ 43, 109, 113

## ㅅ

- 생산 계획 문제 ······ 64
- 선형 ······ 31, 100
- 선형 계획 문제 ······ 36, 64
- 선형대수 ······ 35
- 선형회귀 ······ 103
- 수리 최적화 ······ 7
- 수리 최적화 문제 ······ 23

순회 세일즈맨 문제 ··············· 157
스칼라 ······················· 34, 38, 57
스칼라 변수 ····················· 79, 93
실행 가능 영역 ······················ 69
쌍대 ································ 81
쌍대 갭 ····························· 87
쌍대 문제 ······················· 84, 86
쌍약대 정리 ························ 87

## ㅇ

안장점 ····························· 122
알고리즘 ···················· 28, 29, 80
엄밀해법 ·························· 164
연속값 ···························· 160
연속 완화 ························· 165
연립일차방정식 ··················· 37, 42
예측 ······························ 105
예측식 ···························· 111
오차 ························· 106, 111
완화 문제 ························· 164
욕심쟁이법 ························ 166
의사결정 ··························· 24

## ㅈ

잠정해 ···························· 131
전역 수렴성 ······················· 135
전역 최적해 ·············· 114, 116, 141
접선 ······························· 44
정류점 ················ 116, 118, 119, 121
정수 계획 ························· 154
정수 계획 문제 ···················· 155
제약 조건 ················· 21, 22, 23, 32
제약 최적화 문제 ·············· 112, 141
조합 최적화 문제 ·············· 155, 160
조합 폭발 ························· 162
주문제 ························· 84, 86

준뉴턴법 ··························· 76
직접법 ···························· 130

## ㅊ

최급 강화법 ······················· 136
최단 경로 문제 ···················· 177
최대해 ····························· 23
최대화 ···························· 133
최댓값 ····························· 49
최소제곱법 ························ 111
최소해 ····························· 23
최소화 ······················· 111, 133
최솟값 ····························· 49
최적값 ····························· 49
최적성 조건 ······················· 121
최적해 ························· 23, 24
최적화 문제 ················ 28, 58, 67
최적화 솔루션 ····················· 170

## ㅊ

탐색 방향 ················ 131, 134, 136
탐욕법 ························ 166, 168

## ㅍ

편미분 ························ 50, 53
포트폴리오 ························ 144

## ㅎ

하계 ······························· 83
함수 ······························· 19
행렬 ························· 34, 37, 38
행렬과 벡터의 곱 ··················· 42
혼합정수 계획 문제 ················ 160

## 저자 약력

**나카야마 슌민** (中山 舜民)
도쿄이과대학 대학원 이학연구과 응용수학 전공 박사 과정 수료(이학박사 학위 취득)
중앙대학교 이공학부 경영시스템공학과 조교수
중앙대학교 이공학부 비즈니스데이터사이언스학과 조교수를 거쳐
현재 전기통신대학 i-PERC 시스템 연구센터 조교수

## 역자 약력

**권기태**
서울대학교 계산통계학과 졸업. 동 대학원에서 전산학 전공으로 이학석사 및 이학박사 학위를 취득했다.
현재 강릉원주대학교 컴퓨터공학과 교수로 재직 중이다.
주요 번역서로는 2021 세종도서 우수학술도서로 선정된 『데이터 사이언스 교과서』를 비롯하여 『엑셀로 배우는 머신러닝 초(超)입문 (AI의 얼개를 기본부터 설명한)』, 『엑셀로 배우는 순환 신경망·강화학습 초(超)입문(RNN·DQN편)』, 『엑셀로 배우는 딥러닝(AI의 구조를 쉽게 이해할 수 있는 딥러닝 초(超)입문)』, 『AI의 얼개를 기본 부터 설명한 엑셀로 배우는 머신러닝 초(超)입문』, 『만화로 쉽게 배우는 우선 이것만! 통계학』 등이 있다.

# 만화로 쉽게 배우는 시리즈

### 만화로 쉽게 배우는 **통계학**

다카하시 신 지음
김선민 번역
224쪽 / 17,000원

### 만화로 쉽게 배우는 **회귀분석**

다카하시 신 지음
윤성철 번역
224쪽 / 18,000원

### 만화로 쉽게 배우는 **인자분석**

다카하시 신 지음
남경현 번역
248쪽 / 16,000원

### 만화로 쉽게 배우는 **베이즈 통계학**

다카하시 신 지음
정석오 감역 / 이영란 번역
232쪽 / 17,000원

### 만화로 쉽게 배우는 **보건통계학**

다쿠 히로시, 코지마 다카야 지음
이정렬 감역 / 홍희정 번역
272쪽 / 17,000원

### 만화로 쉽게 배우는 **데이터베이스**

다카하시 마나 지음
홍희정 번역
240쪽 / 18,000원

### 만화로 쉽게 배우는 **허수·복소수**

오치 마사시 지음
강창수 번역
236쪽 / 17,000원

### 만화로 쉽게 배우는 **미분방정식**

사토 미노루 지음
박현미 번역
236쪽 / 18,000원

### 만화로 쉽게 배우는 **미분적분**

코지마 히로유키 지음
윤성철 번역
240쪽 / 17,000원

### 만화로 쉽게 배우는 **선형대수**

다카하시 신 지음
천기상 감역 / 김성훈 번역
296쪽 / 18,000원

### 만화로 쉽게 배우는 **푸리에 해석**

시부야 미치오 지음
홍희정 번역
256쪽 / 18,000원

### 만화로 쉽게 배우는 **물리[역학]**

닛타 히데오 지음
이춘우 감역 / 이장미 번역
232쪽 / 17,000원

### 만화로 쉽게 배우는 **물리[빛·소리·파동]**

닛타 히데오 지음
김선배 감역 / 김진미 번역
240쪽 / 17,000원

### 만화로 쉽게 배우는 **양자역학**

이사카와 켄지 지음
가와바타 키요시 감수 / 이희천 번역
256쪽 / 18,000원

### 만화로 쉽게 배우는 **상대성 이론**

야마모토 마사후미 지음
닛타 히데오 감수 / 이도희 번역
188쪽 / 17,000원

### 만화로 쉽게 배우는 **열역학**

하라다 토모히로 지음
이도희 번역
208쪽 / 18,000원

※정가는 변동될 수 있습니다.

# 만화로 쉽게 배우는 시리즈

**만화로 쉽게 배우는 유체역학**

다케이 마사히로 지음
김영탁 번역
200쪽 / 18,000원

**만화로 쉽게 배우는 재료역학**

스에마스 히로시, 나가시마 토시오 지음
김순채 감역 / 김소라 번역
240쪽 / 18,000원

**만화로 쉽게 배우는 토질역학**

카노 요스케 지음
권유동 감역 / 김영진 번역
284쪽 / 16,000원

**만화로 쉽게 배우는 콘크리트**

이시다 테츠야 지음
박정식 감역 / 김소라 번역
190쪽 / 16,000원

**만화로 쉽게 배우는 측량학**

쿠리하라 노리히코, 사토 야스오 지음
임진근 감역 / 이종원 번역
188쪽 / 16,000원

**만화로 쉽게 배우는 전기수학**

다나카 켄이치 지음
이태원 감역 / 김소라 번역
268쪽 / 17,000원

**만화로 쉽게 배우는 전기**

소노다 마사루 지음
주홍렬 감역 / 홍희정 번역
224쪽 / 18,000원

**만화로 쉽게 배우는 전기회로**

이이다 요시카즈 지음
손진근 감역 / 양나경 번역
240쪽 / 18,000원

**만화로 쉽게 배우는 전자회로**

다나카 켄이치 지음
손진근 감역 / 이도희 번역
184쪽 / 17,000원

**만화로 쉽게 배우는 전자기학**

엔도 마사모리 지음
신익호 감역 / 김소라 번역
264쪽 / 18,000원

**만화로 쉽게 배우는 발전·송배전**

후지타 고로 지음
오철균 감역 / 신미성 번역
232쪽 / 18,000원

**만화로 쉽게 배우는 전기설비**

이가라시 히로카즈 지음
이상경 감역 / 고운채 번역
200쪽 / 17,000원

**만화로 쉽게 배우는 시퀀스 제어**

후지타키 카즈히로 지음
김원회 감역 / 이도희 번역
212쪽 / 17,000원

**만화로 쉽게 배우는 모터**

모리모토 마사유키 지음
신미성 번역
200쪽 / 18,000원

**만화로 쉽게 배우는 디지털 회로**

아마노 히데하루 지음
신미성 번역
224쪽 / 17,000원

**만화로 쉽게 배우는 전지**

후지타키 카즈히로, 사토 유이치 지음
김광호 감역 / 김필호 번역
200쪽 / 18,000원

※정가는 변동될 수 있습니다.

# 만화로 쉽게 배우는 시리즈

만화로 쉽게 배우는 **반도체**

시부야 미치오 지음
강창수 번역
196쪽 / 18,000원

만화로 쉽게 배우는 **CPU**

시부야 미치오 지음
최수진 번역
260쪽 / 18,000원

만화로 쉽게 배우는 **암호**

미타니 마사아키, 사토 신이치 지음
이민섭 감역 / 박인용, 이재원 번역
240쪽 / 17,000원

만화로 쉽게 배우는 **머신러닝**

아라키 마사히로 지음
이강덕 감역 / 김정아 번역
216쪽 / 15,000원

만화로 쉽게 배우는 **유기화학**

하세가와 토시오 지음
이은부 감역 / 신미성 번역
208쪽 / 17,000원

만화로 쉽게 배우는 **생화학**

다케무라 마사하루 지음
오현선 감역 / 김성훈 번역
272쪽 / 17,000원

만화로 쉽게 배우는 **분자생물학**

다케무라 마사하루 지음
조현수 감역 / 박인용 번역
244쪽 / 17,000원

만화로 쉽게 배우는 **면역학**

가와모토 히로시 지음
임웅 감역 / 김선숙 번역
272쪽 / 17,000원

만화로 쉽게 배우는 **기초생리학**

다나카 에츠로 지음
김소라 번역
232쪽 / 17,000원

만화로 쉽게 배우는 **영양학**

소노다 마사루 지음
한규상 감역 / 신미성 번역
212쪽 / 17,000원

만화로 쉽게 배우는 **약리학**

에다가와 요시쿠니 지음
김영진 번역
240쪽 / 18,000원

만화로 쉽게 배우는 **프로젝트 매니지먼트**

히로카네 오사무 지음
김소라 번역
208쪽 / 18,000원

만화로 쉽게 배우는 **사회학**

구리타 노부요시 지음
이태원 번역
218쪽 / 16,000원

만화로 쉽게 배우는 **우주**

이시카와 켄지 지음
이태원 감역 / 양나경 번역
248쪽 / 16,000원

만화로 쉽게 배우는 **기술영어**

사카모토 마키 지음
박조환 감역 / 김선숙 번역
240쪽 / 16,000원

만화로 쉽게 배우는 **전파와 레이더**

나카츠카 고키, 노자키 히로시 지음
이중호 감역 / 김선숙 번역
240쪽 / 17,000원

※정가는 변동될 수 있습니다.

## 만화로 쉽게 배우는 수리 최적화
원제: マンガでわかる 数理最適化

2025. 1. 8. 1판 1쇄 인쇄
2025. 1. 15. 1판 1쇄 발행

지은이 | 나카야마 슌민(中山 舜民)
그 림 | 타치바나 카이리(橘 海里)
역 자 | 권기태
제 작 | Office sawa
펴낸이 | 이종춘
펴낸곳 | BM (주)도서출판 성안당

주소 | 04032 서울시 마포구 양화로 127 첨단빌딩 3층(출판기획 R&D 센터)
     | 10881 경기도 파주시 문발로 112 파주 출판 문화도시(제작 및 물류)
전화 | 02) 3142-0036
     | 031) 950-6300
팩스 | 031) 955-0510
등록 | 1973. 2. 1. 제406-2005-000046호
출판사 홈페이지 | www.cyber.co.kr
ISBN | 978-89-315-7457-9 (17410)
정가 | 18,000원

### 이 책을 만든 사람들
책임 | 최옥현
교정·교열 | 조혜란
전산편집 | 김인환
표지 디자인 | 박원석
홍보 | 김계향, 임진성, 김주승, 최정민
국제부 | 이선민, 조혜란
마케팅 | 구본철, 차정욱, 오영일, 나진호, 강호묵
마케팅 지원 | 장상범
제작 | 김유석

성안당 Web 사이트

이 책은 Ohmsha와 BM (주)도서출판 성안당의 저작권 협약에 의해 공동 출판된 서적으로, BM (주)도서출판 성안당 발행인의 서면 동의 없이는 이 책의 어느 부분도 재제본하거나 재생 시스템을 사용한 복제, 보관, 전기적·기계적 복사, DTP의 도움, 녹음 또는 향후 개발될 어떠한 복제 매체를 통해서도 전용할 수 없습니다.

■ 도서 A/S 안내

성안당에서 발행하는 모든 도서는 저자와 출판사, 그리고 독자가 함께 만들어 나갑니다.
좋은 책을 펴내기 위해 많은 노력을 기울이고 있습니다. 혹시라도 내용상의 오류나 오탈자 등이 발견되면 "좋은 책은 나라의 보배"로서 우리 모두가 함께 만들어 간다는 마음으로 연락주시기 바랍니다. 수정 보완하여 더 나은 책이 되도록 최선을 다하겠습니다.
성안당은 늘 독자 여러분들의 소중한 의견을 기다리고 있습니다. 좋은 의견을 보내주시는 분께는 성안당 쇼핑몰의 포인트(3,000포인트)를 적립해 드립니다.
잘못 만들어진 책이나 부록 등이 파손된 경우에는 교환해 드립니다.